I0491456

"GESTION DE LA EDUCACION AMBIENTAL Y DEL DESARROLLO SOSTENIBLE"

Incluye Evaluaciones para Optar por Certificado de Aprobación del Curso.

AUSPICIADO POR EL:

Grupo Hidro-ecológico Nacional, Inc.

(GH<u>e</u>N)

JUAN NICOLAS FAÑA B.
EDICIONES GH<u>e</u>N – 2020

GRUPO HIDRO-ECOLOGICO NACIONAL, INC.

JNFaña

información@grupoghen.com

1

DEDICATORIA:

A todos los educadores, sembradores de futuro.
Con el deseo de aportar nuestro tiempo y esfuerzo.
Para ayudar a mejorar la calidad de los recursos ambientales.

CONSERVAR EL AMBIENTE Y LA CALIDAD DE LOS RECURSOS
NATURALES POTENCIALMENTE RENOVABLES,
ES PRESERVAR LA VIDA

- J. N. FAÑA -

PRINCIPIOS GHeN

EL PRINCIPIO DE LA ECOLOGIA PREVENTIVA: "Siempre es más económico, simple y viable prevenir cualquier contaminación o degradación ambiental; que corregir la naturaleza dañada o trastornada".

EL PRINCIPIO DE LA ECOLOGIA RACIONAL: "Siempre preferiremos expresarnos a partir de investigaciones lógicas; y no influenciados por ideas preconcebidas y basadas en concepciones puramente antropocéntricas, tecnocéntricas, ni ecocéntricas".

Grupo Hidro-ecológico Nacional, Inc.®
Título: Fertilización Racional de los Suelos

809-350-1130 * República Dominicana

informacion@grupoghen.com
República Dominicana

GESTION DE LA EDUCACION AMBIENTAL Y DEL DESARROLLO SOSTENIBLE

Primera Parte: Gestión de la Educación Ambiental

Percepción del ser humano

En toda la evolución biológica de las diferentes especies de animales, éstos han ido desarrollando sus estructuras sensitivas y neuronales para adaptarse a las condiciones del entorno en el que estaban inmersos. En éste sentido la adquisición y desarrollo de receptores o "sentidos" precisos y eficaces fue crucial para la supervivencia de la especie humana.

En los humanos, la visión estereoscópica y la capacidad táctil son las que le permiten básicamente diferenciarse del resto de los animales. Por ejemplo a diferencia de la mayoría de los animales, el hombre puede percibir colores y tonalidades y además apreciar distancias y dimensiones con su sentido de la vista. Sin embargo algunos de sus sentidos, como el auditivo, no están tan desarrollados; probablemente porque el ser humano no ha tenido la necesidad de perfeccionarlo, al no ser tan crucial como la vista para su supervivencia.

Funciones cognoscitiva

Las funciones cognoscitivas del hombre son condicionadas por las experiencias y esquemas mentales propios y ésto le otorga a los humanos la particularidad de interpretar su entorno conforme con esos condicionantes. Por ejemplo dos personas distintas (una ama de casa y un agrónomo), tendrán una visión muy distinta respecto al concepto de suelo. Para la primera el suelo es el material de donde proviene tanto polvo que ensucia sus muebles y vajillas (una molestia); mientras que para el agrónomo será el recurso maravilloso en donde se sostienen y alimentan las plantas de las cuales se obtiene el alimento para los animales herbívoros irracionales y los frutos que fortalecen la salud del hombre (una bendición).

Bases de la Educación Ambiental

En la Conferencia de la ONU sobre Medio Ambiente y Desarrollo que se celebró en Río de Janeiro en el mes de Junio del año 1992, se profundizó el concepto de Desarrollo Sostenible o Equilibrado, lo cual desencadenó un interesante proceso global, que impulsó a gobiernos e instituciones públicas y privadas de todo el mundo, hacia su implicación en los asuntos ambientales para colaborar con el mejoramiento, conservación o uso racional de los recursos y de la calidad de los mismos.

Las bases para ésta nueva actitud están fundamentadas en lo siguiente:

La reorientación de la educación formal;

Para que ésta promueva, en los educandos y educadores, la adquisición de conciencia, valores, actitudes, tecnología, métodos, comportamientos que tiendan a uso de los recursos naturales de una manera sostenible y al traspaso de esa visión a la sociedad conformada por los individuos educados en ésta nueva corriente, a fin de que las generaciones presentes puedan disfrutar de esos recursos sin menoscabar el derecho que tienen las futuras generaciones de disfrutar de lo mismo.

El aumento de la conciencia ambiental pública;

Allí se establecieron las bases para vincular tanto a los países desarrollados como a los que están en "vías de serlo" para que se esforzaran en mantener o lograr su desarrollo bajo criterios de sustentabilidad, a través de convenios internacionales de carácter legal (biodiversidad, cambio climático, etc.) y de declaraciones de principios (éticos-ambientales).

Se comprendió que es necesario sensibilizar a los ciudadanos comunes sobre los problemas ambientales y desarrollo, concienciando acerca de que es necesario participar en el diagnóstico, pero también en la solución para lograr la sostenibilidad del proceso.

El fomento de la capacitación (incluyendo la educación informal o asistemática);

Se reconoció que la capacitación de los individuos es verdaderamente indispensable para el logro de un desarrollo sostenible, debido a que **sin ella** se dificulta la inserción de los individuos en nuevas tecnologías ambientalmente amigables (para usar por ejemplo en sus empleos), se desconocen las consecuencias de comportamientos no-ecológicos (es decir, hacer uso irracional de los recursos naturales), se imposibilita el conocer las situaciones ambientales (auditorías ambientales), y la evaluación de los impactos ambientales (EIA); y se carece de los elementos para elaborar adecuados planes de manejo y adecuación ambiental para los emprendimientos desarrollistas de las sociedades.

Intervención del hombre contemporáneo

La diferencia principal entre las intervenciones al medio, ejercidas por el hombre contemporáneo y el del pasado, radica básicamente en que la magnitud de las actuaciones del hombre de hoy es tan grande (ante la posibilidad de usar grandes herramientas y la facilidad de movilización global del ser humano), que sobrepasa la capacidad de carga que la naturaleza es capaz de equilibrar.

Esta capacidad negativa de intervenir en tal magnitud hace que se vaya acumulando un pasivo ambiental cada vez más grande, originando lo que se conoce como nivel de contaminación del recurso intervenido, lo cual va dañando la calidad del mismo y en consecuencia dañando la calidad de vida del individuo, comunidad, sociedad o país que usa el recurso.

Esto se convierte entonces en una cadena indetenible de hechos negativos que van impidiendo la sostenibilidad del recurso en cuestión. Es decir el hombre ya no forma parte del ecosistema equilibrado al que debe adaptarse, sino que lo modifica a su antojo hasta convertirlo en inhabitable.

Ser Humano y crisis ambiental

Lo peculiar y distintivo del animal humano respecto al medio es esa enorme aptitud del ser humano para intervenir en los recursos naturales, capacidad que va desde la destrucción mecanizada de grandes extensiones de selvas, hasta la intervención del ADN de las células vegetales y animales. También su inteligencia natural y aprendida para adaptarse y dominar el medio en que se encuentre y el ego-centrismo regionalizado.

Nos hemos metido directamente en la crisis ambiental por lo siguiente:

a) La capacidad de intervención sobre el ambiente, basada en la versatilidad del nicho ecológico, y propiciada por la evolución cultural ha dado lugar a curvas de crecimiento exponencial de muchos parámetros significativos de los ecosistemas humanizados.

b) La unidad de adaptación no es la población de una comunidad o ciudad, sino de la humanidad entera.

c) El desarrollo tecnológico y social ha abierto una brecha entre dos grandes sectores de la humanidad: el mundo desarrollado y el llamado mundo en desarrollo.

Resumen de la historia ecológica

Nuestro nicho ecológico original de "cazadores-recolectores", corresponde a los inicios del hombre en las sabanas donde vivía de modo sostenible o sustentable, en colaboración con los demás elementos de la biodiversidad a la que pertenecía, donde nuestros antepasados cazaban y recogían lo que la naturaleza les ofrecía para vivir, luego "descubrieron" una capacidad mejorada para comunicarse mediante un lenguaje simbólico y se inició un proceso de expansión de la población.

Cuando se llegó a ocupar todos los lugares naturales favorables en la etapa anterior (hace unos 10,000 años en el viejo continente y 8,000 en el "nuevo"), se entró en una crisis que dio lugar a una transición de fase ecológica. Diversos grupos humanos en diferentes y apartadas zonas del planeta comenzaron a practicar el sedentarismo y a domesticar plantas y animales. Aquí el hombre se sintió liberado de servidumbre a lo natural y se creyó por encima de ella, su Dueño y Señor. Entonces surgen nuevas tecnologías e instituciones sociales: la escritura, la cerámica, el uso de metales, los sistemas de riego, las escuelas, el comercio, etc.

Se presentó entonces otra crisis originada de nuevo en el uso no sostenible de los recursos y en el incremento desmesurado de la población, lo cual obligó al hombre a arreglárselas en el camino para buscar la forma de hacer uso intensivo de la energía y con ella mover grandes máquinas que hicieran el trabajo de cientos de hombre, en busca de incrementar la productividad a fin de alimentar más bocas.

Así nació la fase industrial o revolución industrial, en la que el consumo de energía es directamente proporcional al nivel de desarrollo de la sociedad usuaria. Ahora posiblemente deberíamos usar con cuidado la energía nuclear.

Como podemos inferir este "desarrollo" fundamentado en el uso intensivo de la energía para medir el nivel de desarrollo, creo que no es sostenible y es por eso que el animal humano deberá abocarse a una revolución educativa para aprender a controlar el descontrol ambiental que ha provocado en todas y cada una de las etapas que le ha tocado vivir.

… SO PENA DE SUCUMBIR COMO ESPECIE.

Cambios ambientales en mi ciudad

En Santo Domingo, capital de la República Dominicana, para que sirva de ejemplo, los cambios ambientales más destacados en la última década han sido los siguientes:

a) El crecimiento vertical de la ciudad, donde las casas individuales con grandes patios o solares han sido demolidas para dar paso a grandes torres de apartamentos, con más de los cuatro pisos que era lo máximo permitido.

b) El incremento importante de la contaminación de los principales ríos que surcan la ciudad y la disminución de la calidad de sus aguas, debido en esencia a la contaminación producida por industrias químicas y orgánicas y por las urbanizaciones, sin plantas de tratamiento de agua residuales domésticas y los barrios marginados que se han permitido en sus orillas.

c) La migración de los pobladores de los campos a la ciudad capital, en busca de mejores empleos y mayores oportunidades de desarrollo individual o familiar.

d) El incremento de la oferta de agua, servida por los sistemas de acueductos, para satisfacer la demanda de la población incrementada.

e) La construcción de un relleno sanitario para la disposición final de los residuos sólidos urbanos, pero que en definitiva se ha convertido en un simple vertedero de basura, debido a su manejo irracional y asistemático.

f) El aumento de las emisiones gaseosas contaminantes, originadas por el uso intensivo y extensivo de plantas eléctricas de emergencia, ante la ineficiencia del servicio energético comunitario, a su vez originado en la ineficiencia de los Gobiernos que nos hemos dado, para usar decentemente los dineros del pueblo y para planificar racionalmente el destino de los recursos de todo tipo de que disponen.

Evaluación general de estos cambios: La mayoría de los cambios han sido negativos para el ambiente.

Y en su ciudad, ¿Cuáles han sido los cambios?...

Educación y desarrollo sustentable

La educación como proceso social tiene un importante lugar en la transmisión del conocimiento del pasado y en ofrecer las herramientas necesarias para la consecución del futuro. Su papel, para el logro de una sociedad sostenible, es ayudarnos a reconocer la existencia de los problemas ambientales a niveles tales que podrían dar al traste con la civilización que hoy conocemos y luego darnos herramientas para revertir este proceso de degradación ambiental..

Los mecanismos más útiles, son a nuestro entender:

- Cambios de las actitudes individuales de los ciudadanos, que den lugar, en último término, a la modificación de los comportamientos colectivos (y también individuales) respecto al ambiente.
- Conciencia más realista de nuestra situación en el planeta, en donde lo que hagamos hoy tendrá necesaria repercusión en el futuro.
- El paso del antropocentrismo al biocentrismo, donde el hombre ya no sea la medida de todas las cosas, sino un ser sabio que no repite sus mismos errores del pasado.

Agentes de cambio

Algunos agentes de cambio son: educación, medios de comunicación, ONGs, empresas, cambios tecnológicos, cambios políticos, etc. Todos los mencionados son importantes en mayor o menor grado. Porque todos pueden ayudarnos a comprender la situación y la necesidad de cambios en nuestra mente "paleolítica", además pueden servir de agentes motivadores para que esas transformaciones sean realidades objetivas.

Pero en definitiva esa nueva forma de ser humano sólo será posible si consideramos que el futuro no será individual sino un futuro común y por lo tanto "ajustar nuestro enorme brazo tecnológico" a las necesidades y capacidades de un cerebro cazador-recolector; volviendo a nuestras raíces sin retroceder en el tiempo…

Propósitos de la Educación Ambiental

Los propósitos de la Educación Ambiental se hayan presentes en los objetivos actuales de la enseñanza primaria y secundaria en nuestro país, aunque de manera transversal; lo cual posiblemente es el mejor criterio para incluir los principios ambientales en la escuela sin tener que hacer una revolución dolorosa de los contenidos.

Tanto como en la E. A., los objetivos actualizados de los currículos en las escuelas primarias y secundarias contemplan entre otros objetivos, los siguientes:

- Desarrollo de la sensibilidad del educando ante las problemáticas sociales, económicas, religiosas, científicas, etc., para construir opiniones propias y propuestas de solución a las mismas.

- Desarrollo de la comprensión de conceptos complejos, para entender el funcionamiento del medio que nos rodea y al cual pertenecemos.

- Comprensión de las interdependencias entre los diversos sistemas, por ejemplo entre los seres vivos y los recursos naturales potencialmente renovables.

- Adquisición de conciencia respecto a las incidencias de los comportamientos individuales y colectivos sobre el equilibrio del entorno.

- Incremento de las reacciones solidarias entre todos los terrícolas, superando la concepción de que el medio natural es sólo un recurso a ser explotado y la creencia de que la sociología, la economía y la ecología son conceptos separados en compartimentos estancos.

- Valoración del patrimonio cultural propio como expresión de la sociedad en que se vive, sin menospreciar otras expresiones culturales.

- Desarrollo de unas actitudes y aptitudes para el disfrute estético y sano de los paisajes circundantes a los sitios visitados, manteniendo una postura de preservación de los mismos.

  Los cuales son válidos para la Educación Ambiental, tanto como para la educación obligatoria actual.

Diseño de una propuesta de contenidos relacionados con dicha temática. (Ejemplo)

Propuesta de Contenidos: LA CONTAMINACION HIDRICA
Fuente: Curso que impartimos en un hotel de Bayahibe, República Dominicana

Tema 1: AGUA DE CONSUMO

- Ciclo del agua en la naturaleza
- Origen de la contaminación de las aguas
- Auto depuración de los cursos de agua
- Problemas de salud relacionados con el agua
- Importancia sanitaria del agua
- Características de las epidemias de origen hídrico
- Exámenes utilizados para el control sanitario del agua
- Condiciones básicas a satisfacer en los muestreos de agua
- Muestreos del agua para análisis fisicoquímico
- Muestreos del agua para análisis bacteriológico
- Glosario

Tema 2: TRATAMIENTO DEL AGUA

- Finalidad del tratamiento del agua
- Procesos de tratamiento
- Aeración, sedimentación y filtración: su eficiencia
- Objetivo de la desinfección del agua
- Características de las sustancias para desinfección
- Métodos de purificación doméstica del agua de consumo
- Cálculo del volumen de cloro necesario para desinfectar agua
- Procedimientos para determinación del cloro residual en agua

- Glosario

Tema 3: SISTEMAS DE DISPOSICION DE EXCRETAS

- Sistemas de disposición de excretas y aguas residuales.
- Partes de que consta un alcantarillado. Importancia sanitaria.
- Sistemas individuales con vehiculación hídrica.
- Tanque séptico y pozo filtrante: sus características y requisitos
- Lagunas de estabilización: clasificación.
- Procesos en una laguna y factores que influyen en su función.
- Sistemas de evacuación de excretas sin arrastre hídrico.
- Plantas de tratamientos de aguas residuales domesticas.
- Plantas de tratamientos de aguas residuales industriales
- Letrina sanitaria de foso seco: ubicación correcta
- Partes de que consta una letrina sanitaria de foso seco
- Glosario

Adecuación y coherencia

Creemos que los contenidos son adecuados para el nivel de los participantes para los que fueron concebidos, se trató de empleados de nivel medio de una institución hotelera de mi país, embarcada en un proceso de obtención y mantenimiento de su licencia ambiental, mediante planes de manejo y adecuación de los impactos ambientales en general y al recurso agua en particular. Consideramos la propuesta coherente porque partimos de las características originales del recurso, pasamos a los proceso de contaminación, luego a las problemáticas que crea la degradación del recurso (tratando así los conceptos), sin quedarnos en ese punto, sino indicando las posibles soluciones a dichos problemas.

Relación actitudinal y conceptual

He aquí algunos ejemplos de aspectos conceptuales que consideramos esenciales:

Respeto a la biodiversidad: Introducción y Conceptos básicos; La biodiversidad en el mundo; Causas y Consecuencias de la pérdida de la biodiversidad; Razones para preservar la biodiversidad; Métodos de Protección de la vida silvestre;

Manejo de las Áreas Protegidas; Tratados internacionales y políticas de Conservación de la Biodiversidad; Estrategias Mundiales para la conservación de la biodiversidad.

Solidaridad planetaria: La fragilidad ambiental a nivel global; Protección de la atmósfera; El adelgazamiento de la capa de Ozono, Conservación de la diversidad biológica; Gestión ambientalmente idónea de la biotecnología; Mejora de los recursos de tierras y retroceso de los procesos de desertificación y sequía en ecosistemas frágiles; El calentamiento Global; El fenómeno del Niño; Gestión ecológicamente idónea de los desechos; La protección de los océanos, mares y áreas costeras y sus recursos vivos, protección de calidad y suministro de agua dulce.

Estudio del medio urbano

En el diseño del estudio del medio urbano se debe observar la aplicación de la tesis de que el conocimiento escolar debe ser trabajado de forma progresiva en sucesivas formulaciones, que faciliten el camino hacia las metas del conocimiento deseable.

Aunque es más difícil determinar el nivel de profundidad con que se trabaja en cada curso, esta tarea se facilita si las dificultades van creciendo del principio al final de la secuencia y no en caso contrario. Así observamos que el concepto fundamental "Calidad de Vida" que se trabaja en el estudio del medio urbano, conforme con dicho supuesto (de lo fácil a lo difícil; o de lo simple a lo complejo) parte de las conceptos simples "Vivienda", "Equipamientos de las viviendas", "Formación de barrios" hasta llegar a los conceptos relacionados a las últimas actividades del diseño, más complejas o de mayor profundidad, tales como "Flujos de materia y energía", "Especulación", Etc.

Metodología basada en la investigación del alumno

Debido a la ausencia de investigación por parte de los educandos, en muchas escuelas existen dificultades de motivación, razonamiento, comprensión y aplicación. Estas dificultades hacen suponer que el aprendizaje en esos centros educativos se ha reducido a una mecanización y memorización de conceptos sin tener en cuenta que todo aprendizaje comporta un proceso que el educando debe construir progresivamente y que lo llevará a comprender, asimilar e integrar cada nuevo concepto, pudiéndolo luego aplicar a distintas situaciones tanto escolares como extra-escolares.

En la Educación Ambiental se requiere de una transformación metodológica para, entre otras cosas, lograr los siguientes objetivos: Dar una alternativa global a nivel de metodología con la que se obtenga un desarrollo más favorable e integral de toda la población escolar, hacer de todo aprendizaje un proceso evolutivo, lograr que la construcción progresiva de cada proceso de aprendizaje sea elaborada por el educando o con una alta dosis de su esfuerzo personal, basar todo aprendizaje en las necesidades e intereses de los alumnos, que deben ser los beneficiarios del proceso de enseñanza-aprendizaje y convertir en aprendizajes evolutivos las relaciones sociales y afectivas. Esos altos objetivos pueden lograrse con mayor facilidad mediante el uso de las metodologías basadas en la investigación en la cual se inicia con el planteamiento de una problemática.

Cuando se tiene planteado un problema y se busca bibliografía o se realizan experimentaciones o pruebas, el investigador tiene el compromiso de buscar una hipótesis. Podemos definir a la hipótesis, como la pregunta que reúne ciertas características e intenta dar respuesta a algo, nos da respuestas que ya esperábamos. Conocer la conjetura sobre el modo particular en que se relacionan dos o más variables. La investigación lo que pretende es que ocurra algo y demostrar que ésto es lo que esperamos.

La investigación, para que dé resultados óptimos, debería estar guiada por una hipótesis. El que no se confirme la hipótesis da lugar al pensamiento crítico y cuando los resultados de una investigación son negativos obliga al investigador a profundizar en el método y en el marco teórico que le ha llevado a ello. En consecuencia la metodología basada en la investigación es la más apropiada para la enseñanza ambiental.

Características de una acción formativa de E. A.

Existen algunas variables que condicionan cualquier acción formativa que pretenda el desarrollo actitudinal de los escolares.

Entre éstas a titulo de ejemplo y de forma no exhaustiva podemos mencionar algunas que consideramos como las más importantes, aunque sujetas a discusión:

1. Apoyarse en un modelo teórico.

2. Tomar en cuenta que las personas reaccionan de acuerdo a sus diferencias individuales ante situaciones similares.

3. Partir de que los colectivos de alumnos y alumnas suelen ser heterogéneos y requieren proyectos diferenciados.

4. No olvidar que sus niveles de desarrollo moral y autonomía son la primera referencia a tener en cuenta, antes que la edad, nivel escolar o problemática a estudiar.

5. La Educación Ambiental es una tarea colectiva, en consecuencia debería ser abordada por un equipo multidisciplinario de profesores y de alumnos.

6. La Educación Ambiental deberá dejar de ser una acción puntual añadida al programa escolar y adquirir la categoría de aspecto básico en los proyectos educativos y curriculares.

7. Una característica básica de toda acción formativa de E. A. es que se debe buscar el desarrollo integral de las personas, mediante una educación de valores, definiendo la identidad del centro educativo, para establecer una relación a largo plazo con carácter abierto, entre el marco escolar y el entorno en que esta inmerso

En resumen: Toda acción formativa de Educación Ambiental debe contribuir a que los alumnos y alumnas clarifiquen sus valores, y sean conscientes de los que sustentan, además deberá plantear conflictos cuya solución contribuya al desarrollo moral autónomo de los educandos y haga más fácil la participación en acciones de mejora o transformación de las condiciones del entorno del que forman parte.

Rasgos que debería poseer el profesorado implicado

El profesorado implicado en la Educación Ambiental debe involucrarse en situaciones problemáticas ambientales con capacidad notable y actuar en esos casos con eficacia y seguridad. Ver el problema desde dentro requiere de grandes dosis de sentido común y una perspectiva del futuro que no siempre se encuentran en personas comunes.

Desde este punto de vista, al planificar acciones formativas utilizando como referencia los asuntos ambientales que afectan la vida cotidiana, se pueden generar contrariedades, conflictos y frustraciones entre el profesorado implicado. Dichas frustraciones son debidas en muchos casos a los déficits acumulados en la formación inicial de los profesores y en otros casos debido a la inseguridad provocada por las condiciones profesionales en que están envueltos los maestros.

Vistos desde una perspectiva positiva esos momentos y situaciones conflictivas podrían ser aprovechados convenientemente para generar un crecimiento personal.

Consecuentemente el profesorado implicado debería contar con algunas condiciones extraordinarias, que le ayuden a llevar a cabo su labor exitosamente. Las más importantes son:

a) Disposición para el trabajo en equipo.

b) Disposición para abordar situaciones de conflicto.

c) Disposición para modificar el clima del aula: para que haya libertad de expresión y de pensamiento.

d) Disposición para acordar un conjunto de normas y valores compartidos.

Requisitos básicos para producir un cambio conductual.

Existen ciertas condiciones o requisitos básicos que contribuyen con el desarrollo o el cambio conductual ante la problemática ambiental. Entre éstos vale la pena destacar las siguientes:

. Es más probable que haya una modificación conductual, si el concepto que la persona tiene de sí misma se ve afectado por una nueva información. Si la persona objeto de la EA llega a identificarse con esa información se mejora el auto concepto y se favorece el crecimiento personal (por ejemplo ante una catástrofe ambiental reaccionamos de manera fuerte y diferente a cuando vemos casos cotidianos no catastróficos).

. El proceso psicológico que acompaña a los cambios de conducta parece que atraviesa por varias etapas que son:

1`) acatamiento, en el que se aceptan las ideas de otras personas, ya sea por autoridad, por respeto o por convencimiento;

2`) identificación, en el que la idea se ve como surgida de un modo natural y personal;

3`) Internalización, cuando el nuevo valor queda incorporado al sistema de valores de la persona.

Otros factores, entre los que cabe mencionar:

1`) La comunicación persuasiva de los coordinadores del proyecto.

2`) El grado de apoyo del grupo social cercano.

3`) El grado de compromiso de la persona y su nivel de desarrollo moral.

4`) Los refuerzos positivos o negativos del valor.

5`) Estados emocionales vividos.

6`) La defensa del "YO".

7`) Los conocimientos previos que se poseen.

Selección de las estrategias más adecuadas

Uno de los componentes de la acción formativa está constituido por las estrategias de trabajo. Para el tratamiento de estas cuestiones en clase seleccionaríamos una estrategia de "ALTERNATIVAS", porque nos brinda un amplio espectro de actuaciones, basadas en diferentes posibilidades, entre las cuales tenemos:

- En torno a un hecho o realidad positiva del ambiente
- A partir del planteamiento directo de una actitud o una norma básica para la vida y la convivencia

- Tomando como partida una situación problemática, y
- Planteo de una situación imaginaria o fantástica.

Educación del Consumidor y del usuario

El consumismo con exacerbación que nos caracteriza a las sociedades actuales, tomando como unidad de medida el uso de objetos y/o servicios que no son realmente necesarios, la adquisición excesiva de productos desechables (de uno o pocos usos), el empleo de procesos industriales totalmente ineficientes, se va poco a poco traduciendo en el agotamiento y/o contaminación de los recursos potencialmente renovables; y lo que es aún más grave: en la alteración global de los procesos ecológicos, y consecuentemente, en la disminución de la calidad de vida de los seres vivos.

Desde hace algún tiempo, ciudadanos individuales e instituciones vienen observando preocupación al respecto; y se ha llegado a plantear, entre otras medidas, la necesidad de una educación que promueva nuevos valores ciudadanos, que racionalicen los patrones de consumo, y que auspicie una mayor responsabilidad de personas e instituciones para con el medio ambiente y para con el prójimo.

La palabra CONSUMO significa "gasto de aquellas cosas que con el uso se extinguen o destruyen", según el diccionario de la Real Academia de la Lengua. Bajo esta sencilla definición se vislumbran intrincados procesos de producción, distribución, uso y eliminación de desperdicios; que nos han dado el nombre de "Sociedad de Consumo".

Pensemos en lo que hacemos las personas todos los días: ... consumir cosas que no producimos y que quizás no sepamos de donde vienen, ni como se fabrican, ni a donde van a parar los residuos que no podemos consumir; aunque quizás hemos nosotros producido también otros bienes que otros consumirán, la mayoría de las veces en una proporción mucho menor que la que consumimos, pero de igual o mayor valor económico.

En las sociedades de autoabastecimiento, netamente rurales, cada miembro producía prácticamente todos los productos y bienes que necesitaba, existiendo un intercambio de servicios de índole estrictamente familiar. Así los ciclos de producción y consumo tenían un carácter local, permitiendo los ciclos naturales de reciclaje de materias.

Con el origen de las sociedades comerciales, surge un nuevo elemento en la cadena de producción y consumo: EL MERCADO. El mercader se constituye así en el intermediario entre el productor y el consumidor, produciendo una ampliación (a veces considerable) de los ciclos de producción y consumo.

La llegada de la Revolución Industrial cambió drásticamente los patrones económicos, institucionalizando la producción en el sistema, para que actúe en función de los intereses económicos más que en las necesidades, donde los objetivos no son satisfacer los requerimientos y necesidades de los consumidores sino vender cada vez más o con mayores beneficios económicos, sin importar muchas veces si dicho consumo es saludable o no para las personas y la bio-diversidad.

Sin llegar a ser exhaustivos podemos señalar algunas características que definen esta sociedad de consumo actual:

*	La dimensión de los ciclos de producción y consumo alcanzan escalas globales o mundiales; los productos llegan a puntos antípodas del planeta.

*	Los consumidores son influidos por los productores mediante variadas técnicas publicitarias y procesos de comercialización.

*	Los productos, bienes y servicios están teóricamente disponibles para todos los miembros de la sociedad, es decir se trata de hacer un consumo de masas. Sólo hace falta un recurso para poder consumir todo lo que se quiera: el dinero.

*	Los productos y bienes se gastan y pasan a tener sólo un valor de uso tras su consumo, posibilitando continuos ciclos de producción que mantendrían el sistema funcionando.

*   Los bienes de consumo no son utilizados en relación con ninguna actividad que genere beneficios económicos, sino ligados al tiempo de ocio disponible para consumirlos.

*   Las familias o pueblos con mayores ingresos invertirían proporcionalmente, menos dinero en alimentación o supervivencia biológica, y más en bienes de "supervivencia cultural".

*   El motor de la economía se fundamenta en el mantenimiento, más o menos, estable del movimiento del dinero (pasando de mano en mano, aunque al pasar de una a otra el productor y el intermediario se quedan con una parte).

*   La economía y la política enredan cada vez más los modos de producción, distribución y consumo; poniendo cortapisas, reglamentaciones, impuestos, actividades proteccionistas, y un largo etcétera que termina hasta con guerras para imponer un sistema comercial.

Este modelo de sociedad está realmente en crisis debido a las consecuencias que implica tanto para el ambiente como para la sociedad. Entre las cuales es importante mencionar las siguientes:

1) Debido, entre otras cosas, a una mala distribución de las riquezas, no todos los habitantes del planeta tienen la misma posibilidad de consumir.

2) Los residuos o desechos de la producción sobrepasan en muchas ocasiones la capacidad de restauración natural de los ecosistemas en los cuales se vierten.

3) La explotación intensiva de los recursos naturales para saciar una demanda incontrolable provocan pérdidas de la biodiversidad, degradaciones en la cubierta vegetal e incluso agotamiento de recursos planetarios

4) En cuanto a la energía, hemos hecho lo contrario que la biosfera: aceleramos el consumo de energía a partir de

fuentes no renovables, agotando los combustibles fósiles y expulsando gases a la atmósfera, que están provocando el calentamiento global de la Tierra.

Nuevamente tenemos que concluir que se impone que aboguemos por la adopción de un consumo saludable de bienes y servicios, con soluciones aplicables en el presente y futuro inmediato, tales como las siguientes:

. La elección por parte de los consumidores de productos, bienes y servicios que en todo su ciclo vital produzcan el menor impacto ambiental posible (que no alteren la calidad del medio ambiente durante la extracción de materias primas, uso de energía, la producción, distribución y comercialización, uso y depósito final de desperdicios. Que no se realicen experimentos con animales existiendo técnicas alternas).

. La elección de productos, bienes y servicios que supongan que los trabajadores que participaron en el proceso tienen unas condiciones de trabajo dignas, que la empresa productora lleve a cabo una política ambiental real (no marketing ecológico) que no exploten indiscriminadamente los recursos de países pobres y que más bien promuevan relaciones justas y solidarias entre los países involucrados.

. La adopción de un estilo de vida más sencillo, que propicie nuevos valores en relación con la reducción del consumo a lo realmente necesario, la valoración de las personas y no de las cosas y compartir las ideas con otros llegando a propuestas de acción colectiva.

Para la promoción del consumismo exacerbado se utilizan generalmente los medios masivos de comunicación, en los cuales aparecen muchas veces, propician un consumo mal orientado desde el punto de vista de la salud o el medio ambiente.

Vamos a ver dos anuncios de los que encontramos en la prensa escrita en nuestro país (República Dominicana) y

que a nuestro juicio están mal orientados, más adelante dos que están bien orientados, desde el punto de vista indicado:

ANUNCIOS MAL ORIENTADOS:

1) **LUZCA BELLA EN SEMANA SANTA**

   Sin dietas ni ejercicios... rebaje hasta 40 libras en un mes...

   > Creemos que este anuncio está mal orientado porque promueve una forma de rebajar libras de un modo no natural.
   >
   > Lo natural es que quien quiera rebajar coma lo adecuado y haga ejercicios que le ayuden a quemar grasa.

2) **BOTE SU CELULAR Y ADQUIERA EL NUEVO marca XXX**

   No permita que otros lo tengan antes que Ud.

   > Lo creemos mal orientado porque está incitando a cambiar un teléfono celular que todavía puede estar en perfectas condiciones, sólo para destacarse de los demás; pero sin tomar en cuenta que el que se va a "botar" entonces se convertirá en un desecho antes de tiempo (con partes verdaderamente peligrosas para el medio ambiente).

ANUNCIOS BIEN ORIENTADOS:

1) **MERCADO DE PRODUCTORES**

   Este Sábado, en la Feria Agropecuaria...

   Adquiera los productos directamente del campo a su mesa

   > Lo creemos apropiadamente orientado porque propugna por un intercambio entre el que se esfuerza para producir los rublos alimenticios y quienes los necesitan para su alimentación, y la de su familia: y además, a mejor precio porque no aparece ningún intermediario (posiblemente el productor sólo tendrá que pagar una pequeña cuota por el uso del lugar donde exponer sus productos).

2) **Ahorrando con nosotros siempre sentirá la tranquilidad que necesita junto a su familia...**

   BANCO XXX

   Su seguridad y la de su familia...

   > Creemos que este anuncio está bien orientado porque promueve el ahorro de recursos para los malos tiempos, ofreciendo un incentivo adicional: la tranquilidad que proviene de la seguridad; lo cual se traduce en mejor calidad de vida.

Modelos susceptibles de aplicarse en la E. A.

A) MODELOS CENTRADOS EN EL INDIVIDUO:
Son concepciones de la educación sanitaria basada en la modificación de actitudes y comportamientos individuales o personales. Su principal ventaja es que toman en cuenta que todas las personas poseen diferencias individuales que las hacen únicas e irrepetibles. La principal desventaja es: que amplios sectores carecen de los medios suficientes para hacer las mejores elecciones y pueden ser manipulados más fácilmente que una colectividad, es decir que la acción colectiva es más contundente que la individual.

B) MODELOS ECOLOGICOS:
Estos modelos suponen que el medio para la transmisión de enfermedades y problemas globales o locales que perjudican a la biosfera son los elementos de la biodiversidad. Asi la OMS afirma que más del 80 % de las enfermedades que sufre la humanidad, se transmite o es causada por agua contaminada o por la disminución de la calidad del agua. La ventaja principal de estos modelos es que pueden ser pasibles de experimentación o análisis en la realidad. Su desventaja es el tiempo a emplear.

C) MODELOS PUNTUAL, INTEGRADO Y AUTONOMO:
El modelo puntual consiste en proporcionar información rápida sobre un problema específico, su desventaja básica es que el tiempo para su implementación es limitado regularmente. Ventaja: Puede producir un impacto deseado siempre que responda a una necesidad o demanda de los educandos.

El modelo integrado consiste en dar diferentes informaciones sobre un tema general pero desde diferentes ángulos e impartidos por diferentes educadores, su desventaja principal es que requiere de buena coordinación entre temas y profesores. Su ventaja es que cada apartado puede ser tratado por un verdadero especialista, que sabe lo que tiene entre manos.

El modelo autónomo implica continuidad y progresión conforme se vive y se obtiene de modo sistemático y asistemático. Su ventaja principal es que sirve para la integración del conocimiento y la educación para la salud en la escuela y fuera de ella. Su principal desventaja es la dificultad para organizar los conocimientos en una relación estructurada.

Ejemplo de unidad didáctica "Medio Ambiente y Salud".

Medio Ambiente y Salud

Inspirado en Curso Medio Ambiente y Salud, La Habana, Cuba, 2000

Objetivos a alcanzar:

1. Importancia del Ambiente en la Educación para la Salud.

2. Revisión de los principales agentes medioambientales nocivos para la salud humana: presión atmosférica, contaminación acústica, calor y frío, luz, radiaciones ionizantes, micro-ondas, agentes microbianos, productos químicos.

3. Establecimiento de conceptos base.

AGUA DE CONSUMO

- Ciclo del agua en la naturaleza
- Origen de la contaminación de las aguas
- Auto depuración de los cursos de agua
- Problemas de salud relacionados con el agua
- Importancia sanitaria del agua
- Características de las epidemias de origen hídrico
- Exámenes utilizados para el control sanitario del agua
- Condiciones básicas que deben satisfacer los muestreos de agua
- Muestreos del agua para análisis fisicoquímico
- Muestreos del agua para análisis bacteriológico
- Glosario

TRATAMIENTO DEL AGUA

- Finalidad del tratamiento del agua
- Procesos de tratamiento
- Aeración, sedimentación y filtración: su eficiencia
- Objetivo de la desinfección del agua
- Características que deben reunir las sustancias empleadas en la desinfección
- Métodos de purificación doméstica de agua de consumo
- Cálculo del volumen de cloro necesario para desinfectar el agua
- Procedimientos para la determinación del cloro residual en una muestra de agua
- Glosario

CONTAMINACIÓN DEL SUELO

- Contaminación del suelo: sus causas
- Contaminación por agentes biológicos
- Viabilidad de las bacterias patógenas intestinales en el suelo
- Capacidad de infiltración de las bacterias en el subsuelo
- Concepto de excretas y de aguas residuales
- Estabilización de las aguas residuales. Ciclo del nitrógeno
- Glosario

SISTEMAS DE DISPOSICION DE EXCRETAS Y AGUAS RESIDUALES

- Sistemas de disposición de excretas y aguas residuales: públicos e individuales
- Partes de que consta un alcantarillado
- Importancia sanitaria
- Sistemas individuales con vehiculación hídrica. Tanque séptico y pozo absorbente: sus características y requisitos de funcionamiento
- Lagunas de estabilización: clasificación
- Procesos que se desarrollan en una laguna y factores que influyen en su funcionamiento
- Sistemas de evacuación de excretas sin arrastre hídrico: requisitos

- Plantas de tratamientos de aguas residuales de origen doméstico y de origen industrial (RILES)
- Letrina sanitaria de foso seco: ubicación correcta
- Partes de que consta una letrina sanitaria de foso seco
- Glosario

CONTROL SANITARIO DE LOS DESECHOS SOLIDOS

- Concepto, composición y clasificación de los desechos sólidos
- Importancia sanitaria
- Fases del control sanitario de los desechos sólidos
- Recuperación de los desechos sólidos
- Almacenamiento domiciliario: Características que deben reunir los recipientes
- Recolección y transporte. Itinerarios
- Requisitos de los vehículos recolectores
- Ventajas de la recolección por el sistema de paradas fijas
- Limpieza de calles
- Glosario

CONTAMINACION DEL AIRE

- Concepto de contaminación atmosférica
- Factores topográficos y meteorológicos que influyen en la contaminación
- Fuentes de contaminación
- Clasificación de los contaminantes de la atmósfera
- Comportamiento de los gases y partículas descargados a la atmósfera
- Contaminación del aire por vehículos de motor
- Vigilancia de la calidad del aire
- Objetivos de la vigilancia en las áreas urbanas
- Objetivos del muestreo de contaminantes de la atmósfera

- Técnicas de muestreo de contaminantes del aire
- Contaminación asociada: ruidos, vibraciones, campos electromagnéticos
- Concepto de concentración máxima de contaminantes
- Valores máximos recomendados de algunos contaminantes.
- Glosario

AMBIENTE LABORAL

- Ambiente laboral u ocupacional. Concepto, requisitos para valorar un trabajo
- Posibles causas de inadaptación laboral
- Salud ocupacional: concepto y funciones preventivas
- Riesgos laborales
- Accidentes del trabajo y su prevención
- Riesgos físicos y Riesgos químicos consecuencias sobre la salud
- Efectos de los riesgos biológicos laborales
- La fatiga en el trabajador
- Enfermedades profesionales: características y prevención
- Glosario

FIN

Salubridad de las viviendas

La Educación Ambiental puede enfocar la vivienda como la unidad donde se pueden poner en ejecución las mejores prácticas ambientales. Entendemos que los principales aspectos a considerar para la salubridad de las viviendas son los siguientes:

1. Vivienda y medio residencial: marco conceptual.

2. Necesidades básicas: Agua Potable, Aislamiento Acústico, Espacio adecuado, Aislamiento Térmico, Red Sanitaria, Mobiliario No Contaminante, Control de Contaminantes (Radón, Desechos Sólidos, Polución Electromagnética, etc.)
3. Asentamientos humanos.
4. Ambiente de la vivienda. Identificación, vigilancia y manejo de riesgos:

a) Los riesgos físicos.
b) Los riesgos químicos.
c) Los riesgos biológicos.
d) Los riesgos psico-sociales. Hacinamiento.

e) Accidentes en el hogar. Previsión y medidas emergentes.
f) Estresores ambientales: acción potencializada, carga total, afectaciones agudas y crónicas en salud.
g) Situación sanitaria de la vivienda y condiciones socio-económicas.
   i. Vivienda rural
   ii. Vivienda urbana
h) Problemas sanitarios y sociales del medio residencial.
i) Demandas higiénicas del diseño, ubicación, redes técnicas, servicios, equipamiento y mobiliario de la vivienda.
j) Requisitos sanitarios mínimos que debe reunir una vivienda.
k) Requisitos mínimos de las viviendas en centros comunales rurales. Acciones para mejorar las condiciones sanitarias de la vivienda rural y del medio circundante.
l) Saneamiento básico en función de la vivienda.
m) Normalización sanitaria, revisión de proyecto, inspección de higiene, educación y promoción de salud en la vivienda y el medio residencial.
n) Políticas de salud en la vivienda: la vivienda y el municipio saludables en el desarrollo sostenible.

En este aspecto las características principales a tomar en cuenta son a nuestro entender:

I) AGUA DE CONSUMO O POTABLE

II) EXCRETAS Y RESIDUALES LIQUIDOS

III) DESECHOS SOLIDOS

IV) ARTROPODOS Y ROEDORES TRASMISORES DE ENFERMEDADES

V) CONTAMINACION DEL AIRE

VI) ALIMENTOS

Y los efectos principales, por cada apartado serian respectivamente:

I)
1. Problemas de salud relacionados con el agua de consumo. Importancia sanitaria del agua de consumo. Características de las epidemias de origen hídrico.

2. Desinfección apropiada del agua: objetivo. Características que deben reunir las sustancias empleadas en la desinfección.

II)
1. Contaminación del suelo por excretas y aguas residuales.

    1. Transmisión hombre-suelo-hombre

    2. Transmisión animal-suelo-hombre

    3. Transmisión suelo-hombre

2. Viabilidad de las bacterias patógenas intestinales en el suelo. Capacidad de infiltración en el subsuelo.

III)

1. Problemas de control sanitario de los desechos sólidos.

   1. Almacenamiento domiciliario. Características que deben reunir los recipientes.

   2. Recolección y transporte. Itinerarios. Requisitos de los vehículos recolectores. Ventajas de la recolección por el sistema de paradas fijas

   3. Disposición final: métodos.

2. Problemas con la incineración: ventajas e inconvenientes.

IV)

1. Deficiencias en el saneamiento básico que influyen en la procreación de vectores.

2. Deficiencias en el control sanitario de vectores y sus reservorios. Desinsectación y desratización.

3. Cucarachas Moscas y Mosquitos: importancia sanitaria. Sus efectos

4. Roedores: señales de infestación. Características de las ratas y ratones domésticos.

5. Ectoparásitos del hombre. Escabiosis (sarna): medidas de control.

6. Piojos: ciclo de vida y características. Importancia sanitaria. Medidas de control.

V)

1. Efectos de los contaminantes atmosféricos. Comportamiento de las partículas y gases descargados a la atmósfera.

información@grupoghen.com

2. Efectos de la contaminación atmosférica. Principales afectaciones a la salud humana por la contaminación del aire.

3. Grado de eficiencia de las medidas de prevención y control de la contaminación atmosférica.

VI)

1. Problemática de la higiene de los alimentos. Principales métodos de trabajo en higiene de los alimentos. Problemática de la higiene de los alimentos en los países del Tercer Mundo.

2. Descomposición o deterioro de los alimentos. Factores que intervienen. Conservación de los alimentos: principios en que se basa.

3. Alimentación social: concepto. Control sanitario de la alimentación social. Medidas sanitarias para la distribución de alimentos desde las cocinas centralizadas.

4. Efectos de enfermedad trasmitida por los alimentos (ETA), caso de ETA y brote de ETA. Intoxicaciones y toxinfecciones alimentarias: características, causas y agentes etiológicos. Medidas frente a un brote.

5. La leche: importancia sanitaria y nutricional. Enfermedades trasmisibles a través de la leche. Fuentes de contaminación de la leche.

6. Productos de la pesca: importancia sanitaria y nutricional.

    1. Causas de alteración de los productos de la pesca.

    2. Control sanitario de los productos de la pesca en: barcos, transportes, centros de recepción y almacenamiento y distribución, centros de expendio.

3. Inspección sanitaria del pescado.

7. Aves y huevos: importancia sanitaria. Control sanitario de las carnes de ave. Métodos de conservación. Alteraciones de los huevos: en su producción y en el almacenamiento y distribución.

8. Carnes: importancia sanitaria de su control. Alteración de los productos cárnicos. Inspección sanitaria de los productos cárnicos.

Métodos educativos más interesantes en Educación Ambiental

1`) Método de exposición

La función principal de este método es la de informar e interesar por una determinada problemática a las personas a quienes está dirigido. Es interesante para su aplicación a la educación sanitaria y ambiental porque uno de los principales problemas para concienciar a las personas acerca de los problemas sanitario-ambientales es la falta de información, y mediante este método se provee a los educandos de los conceptos, conocimientos y exposición de casos reales, que le despierten el interés al pensar que si en otros casos y otras personas han sufrido las consecuencias de una mala práctica sanitaria, también a ellos les puede afectar: promoviendo entonces un cambio conductual respecto al tema.

2`) Método de solución colectiva de problemas
Este método se basa en la resolución por parte de un grupo de aprendizaje, de problemáticas reales o hipotéticas, con la finalidad de dominar de esta forma las técnicas de solución del o los problemas particulares, asimilando así los contenidos de la enseñanza y las experiencias de los demás. Me gusta el método porque nos acerca a la realidad, incluso

cuando se trate de situaciones hipotéticas, pero racionales, además permite la práctica de trabajos en equipos, que es tan apreciada en la investigación ambiental.

3`) Método de individualización de la enseñanza.
Este consiste en la adaptación de proceso de enseñanza-aprendizaje al ritmo personal del educando y a su nivel de conocimiento previo del asunto a tratar. Lo considero interesante para los fines enunciados porque al tomar en cuenta las diferencias individuales, aptitudes personales, métodos de trabajo técnicas de estudio, valores y otros aspectos personales del educando, a éste le resulta más fácil y cómodo el aprehender los conocimientos y valores que se pretende transferir. Además es el método que más respeta los derechos educativos de las personas.

Temáticas en las que podemos practicar esos métodos.

(Efectos más perjudiciales derivados de la contaminación acústica, acuática y atmosférica)

ACUSTICA

Los efectos más perjudiciales producidos por la contaminación acústica pueden ser de dos tipos: 1) Efectos psíquicos tales como temores, molestias para concentrarnos y otros efectos sobre actividades manuales o mentales y 2) Efectos físicos como alteración del sueño, alta presión arterial, stress, alteraciones en la visión y del sistema nervioso, hasta sordera y pérdida de la audición. Entre las medidas para su control y corrección están: las redes de vigilancia atmosférica, la legislación para su control, el uso de silenciadores en los escapes de motores y plantas eléctricas, el aislamiento acústico de maquinarias, etc.

ACUATICA

Las principales alteraciones se pueden sintetizar en tres grupos:

De tipo físico, químico y biológico: entre las cuales están: (Físico) la presencia de materia orgánica, la modificación de la temperatura, cambios en el color y sabor del agua, la presencia de espumas y la radioactividad.

(Químico) incorporación de sales inorgánicas, presencia de materia orgánica, acidez y alcalinidad, compuestos inorgánicos tóxicos.

(Biológico) virus, bacterias y otros micro-organismos patógenos.

Las medidas para su control o corrección: la disminución y /o el tratamiento adecuado de las residuales líquidos, el establecimiento de tanques o lugares de retención durante el tiempo adecuado para estabilizar la temperatura, evitar condiciones anaerobias que producen malos olores y sabores, evitar el uso de detergentes órgano fosforados, el tratamiento terciario de residuales industriales radioactivos, etc.

ATMOSFERICA

Existen muchos contaminantes atmosféricos, pero algunos, por la importancia de sus efectos son considerados como "contaminantes de criterio de la atmósfera". Sólo nos referiremos a éstos.

Los problemas de tipo respiratorios son causados básicamente por el SMOG asociado a la presencia de contaminación por anhídrido de Azufre (SO_2), los óxidos de Nitrógeno (Nox) y partículas suspendidas totales (PST); Los dolores de cabeza, irritaciones oculares, molestias en el pecho y hasta tumores fibrosos son asociados a la contaminación por oxidantes fotoquímicos como el Ozono, la hipo-oxigenación se asocia al monóxido de carbono (CO) y las dificultades cerebrales, anemia y daños neurológicos a la contaminación por Plomo (Pb).

Para su control se recomienda el afinamiento de plantas eléctricas y motores de combustión interna, evitar la quema de desechos naturales o ratifícales, la minimización y el tratamiento de emisiones gaseosas por parte de las industrias, etc.

Temáticas en las que podemos practicar esos métodos (Continuación...)

Educación para la Paz y la Educación Moral para la Convivencia

Para la educación primaria, los contenidos serían: (los números indican posición relativa de temas)

En el área del conocimiento de Medio Natural, Social y Cultural; 1) El ser humano y la salud, 5) Los materiales y sus propiedades, 6) Población y actividades humanas, 8 Organización social, 9) Medios de comunicación y transporte, 10) Cambios en paisajes históricos. **En el área de Educación Artística**; 2) La elaboración de composiciones plásticas e imágenes, 4) Canto, expresión vocal e instrumental, 7) El juego dramática y 8) Arte y Cultura. **En el área de Educación Física**; 1) El cuerpo, imagen y percepción, 2) El cuerpo, habilidades y destrezas, 3) El cuerpo, expresión y comunicación y 5) Los juegos.

En el área de Lengua Castellana y Literatura; 1) Usos y formas de comunicación oral, 2) Usos y formas de comunicación escrita, 3) Análisis y reflexión sobre la propia lengua, 4) Sistemas verbales y no verbales de comunicación. **En el área de Lenguas Extranjeras**; 1) Usos y formas de comunicación oral, 3) Aspectos socioculturales. **En el área de Matemáticas**; 1) Números y operaciones.

Los objetivos generales en esta etapa son:

- Actuar con autonomía en las actividades habituales y en las relaciones de grupo, desarrollando la posibilidad de tomar iniciativas y de establecer relaciones afectivas.

- Colaborar en la planificación y realización de actividades de grupo, aceptar las normas y reglas que democráticamente se establezcan, articular los objetivos e intereses propios con los de los otros miembros del grupo, respetando los puntos de vista distintos, y asumir las responsabilidades que correspondan.

- Establecer relaciones equilibradas y constructivas con las personas en situaciones sociales conocidas, comportarse de manera solidaria, reconociendo y valorando críticamente las diferencias de tipo social y rechazando cualquier discriminación basada en diferencias de sexo, clase social, creencias, raza, y otras características individuales y sociales.

- Comprender y establecer relaciones entre hechos y fenómenos del entorno natural y social, y contribuir activamente, en lo posible, en la defensa, conservación y mejora del medio ambiente.

- Apreciar la importancia de los valores básicos que rigen la vida y la convivencia humana y obrar de acuerdo con ellos.

- Conocer el patrimonio cultural, participar en su conservación y mejora, y respetar la diversidad lingüística y cultural como derechos de los pueblos e individuos, desarrollando una actitud de interés y respeto hacia el ejercicio de este derecho.

Para la Educación Secundaria, los contenidos serían: En el área de Ciencias de la Naturaleza; 4) La Tierra en el Universo, 7) Las personas y la Salud. **En el área de Ciencias Sociales, Geografía e Historia**; 1) Medio ambiente y conocimiento geográfico, 2) La población y el espacio de vida urbano, 3) La actividad humana y el espacio geográfico, 4) Sociedades históricas, 6) Diversidad cultural, 7) Economía y trabajo en el mundo actual, 9) Arte, cultura y sociedad en el mundo actual, 10) la vida moral y la reflexión ética. **En el área de Educación Física**; 2) Cualidades motrices y 3) Juegos y deportes. **En el área de Educación Plástica y Visual**; 1) Lenguaje visual. **En el área de Lengua Castellana y Literatura**; 1) Usos y formas de comunicación oral, 2) Usos y formas de comunicación escrita, 3) La Lengua como objeto de conocimiento, 4) Literatura, 5) Sistemas de comunicación verbal y no verbal. **En el área de Lenguas Extranjeras**; 4) Aspectos socioculturales. **En el área de Matemáticas**; 1) Números y Operaciones; significados, estrategias y simbolización, 3) Representación y organización en el espacio, 4) Interpretación, representación y tratamiento de la información, 5) Tratamiento del azar. **En el área de Música**; 1) Expresión vocal y canto, 2) Expresión instrumental, 4) Lenguaje musical y 5) La música en el tiempo. **En el área de Tecnología**; 1) Proceso de resolución técnica de problemas y 6) Tecnología y sociedad.

Los objetivos generales de esta etapa son:

- Formarse una idea ajustada de si mismo, de sus características y posibilidades y desarrollar actividades de forma autónoma y equilibrada, valorando el esfuerzo y la superación de dificultades.

- Relacionarse con otras personas y participar de actividades de grupo con actitudes solidarias y tolerantes, superando inhibiciones y prejuicios, reconociendo y valorando críticamente las diferencias de tipo social y rechazando cualquier discriminación basada en diferencias de sexo, clase social, creencias, raza, y otras características.

- Conocer y apreciar el patrimonio cultural y participar en su conservación y mejora, y respetar la diversidad lingüística y cultural como derechos de los pueblos e individuos, desarrollando una actitud de interés y respeto hacia el ejercicio de este derecho.

Método Alterno: socio-afectivo

Este es un método de trabajo u orientación en la forma de planear actividades, que pretende aunar la información y adquisición de conocimientos con un componente afectivo y experiencial.

Requiere de un aprendizaje a partir de la propia experiencia, lo cual viene seguida de una reflexión y análisis de los hechos experimentados y de las actitudes en ellos reflejados.

Los pasos de este método son:

. Vivencia de la experiencia, por lo que el punto de partida no es algo ajeno, como un libro o una explicación del maestro, sino una experiencia particular del alumno.

. Descripción y análisis de la experiencia, en especial de las propias reacciones ante ella.

. Contrastar, si es posible, generalizar la experiencia vivida a situaciones exteriores de la vida real.

. Para incorporarlo hay que someter al grupo o al individuo a un estimulo que le haga ser participe de la experiencia.

Una actividad de ejemplo podría diseñarse siguiendo los siguientes pasos:

. Dividir el curso en tres grupos a quienes se les asignará la misma cantidad de "dinero": dos grupos que harán el papel de productores, otros dos que representarán a los intermediarios y un quinto grupo que tomarán el papel de los consumidores de un producto (Por ejemplo limonada).

. Se orientará a los productores para que determinen el valor de sus productos limones, agua y azúcar en base a los costos de producción más un beneficio de un 15%, a los intermediarios primarios (que elaboran el jugo) para un beneficio de un 10%, a los intermediarios finales (que venden el jugo preparado) para que obtengan un beneficio de un 100%.

. Se supone que al final los consumidores se quedaran sin dinero y todo el dinero lo tendrán los productores y los intermediarios especialmente.

. Al terminar el ejercicio cada grupo describirá y analizará su experiencia y lo que fueron sintiendo conforme el dinero pasaba a otras manos.

. Tratar de que la experiencia se generalice a lo que pasa en la sociedad y se trate de llegar a una explicación de por qué existe una mala distribución de las riquezas en el mundo.

Hacer énfasis en la importancia de la preparación intelectual de niños y jóvenes para generar riquezas en el futuro; y así evitar que como consumidores nos quedemos en la inopia (sin dinero) alguna vez.

El currículo oculto

El currículo oculto es el conjunto de experiencias proporcionadas por el medio educativo por el hecho de ser un sistema jerarquizado de relaciones.

El educando aprende de estas experiencias que unos comportamientos se reprimen, mientras otros se fomentan; que existen normas no explícitas a las que hay que tenerse, aprenden qué tipo de actitud resulta conveniente según las circunstancias y qué se espera de ellos (as).

Todo eso se aprende de modo espontáneo, intuitivamente, mediante la observación del comportamiento de los demás, en especial de los profesores (as), que aparecen como modelos de lo que debe hacerse o evitarse.

Es importante porque trasciende lo escrito. Es por esta trascendencia educativa del currículo oculto que tiene tanto interés el desvelar los aspectos que lo configuran, hacer explícitos y analizar los sistemas de valores y contravalores que están operando en el centro, las contradicciones entre los objetivos que se pretende alcanzar y las actitudes o conductas que se desarrollan o fomentan, y el tipo de relaciones que se propician.

Para evitar los conflictos de índole moral y desajustes entre el currículo explicito y el oculto; el centro escolar debe ser una sociedad democrática que favorezca las personalidades autónomas, además de destacar la importancia de la continuidad y del carácter sistemático de las actividades de educación moral y de las experiencias que suponen una preparación para la participación social.

Educación Moral para la Convivencia y la Paz Vs la Educación Ambiental

Los objetivos y contenidos de la Educación Moral para la Convivencia y la Paz se dirigen a fomentar actitudes de respeto hacia todas las personas, sea cual sea su condición social, sexual, racial o sus creencias, la solidaridad con los colectivos discriminados y, en fin, de valoración del pluralismo y la diversidad. Además el respeto al propio cuerpo y la conservación del medio ambiente. Fomentan también el rechazo hacia todo tipo de injusticias sociales, hacia el consumismo abusivo, y favorecen las relaciones de convivencia, de comunicación y de diálogo.

Gran parte de los problemas ambientales son causados por la injusta relación establecida entre los países del Norte, dominantes, y los del Sur, dominados. Esto nos ayuda a comprender la vinculación entre la Educación Ambiental y la Educación para la convivencia y la paz, en el sentido amplio en que la definimos.

La Educación para la Convivencia y la Paz no sólo pretende que el alumnado tenga la oportunidad de plantearse y analizar problemas de gran importancia en nuestro mundo, sino sobre todo, que llegue a adquirir, respecto a dichas cuestiones, actitudes y comportamientos basados en opiniones libremente asumidas, siendo por tanto, capaces de enjuiciar críticamente la realidad de intervenir para transformarla o mejorarla.

En éste sentido, dirigiendo la enseñanza al desarrollo de una dimensión ético-moral y una formación integral, estamos apostando por una educación en valores. Adquirir estos valores equivale a entender determinados conceptos, y actuar conforme a determinadas maneras de saber hacer, pero, en definitiva, mostrando una actitud democrática, responsable, tolerante, que favorezca una participación activa y solidaria en la sociedad con el fin de asegurar valores, cada vez más altos, de libertad, igualdad y justicia social.

La intención será la de establecer un modelo de persona desde una concepción profundamente humanista, incorporando en todo diseño educativo un componente ético que debe adaptarse a las nuevas condiciones sociales y que debe dar sentido al resto de los conocimientos, incluido el conocimiento ambiental.

Actividad Ejemplo: Desarrollar una unidad didáctica sencilla a partir de un tema, utilizando los recursos aportados en la ponencia (ejemplos de temas: el racismo en el barrio; la pobreza en nuestro barrio/la pobreza en el mundo; la violencia en la televisión, etc.).

UNIDAD DIDACTICA: La Televisión y los Niños

FASE DE DISEÑO

Criterios para la Elección del Tema: Los niños del mundo en desarrollo miran la televisión un promedio de entre 3 y 6 horas por día. Es dificil documentar los efectos que tiene la televisión en los niños. Sin embargo, algunos estudios indican que mirar la televisión puede relacionarse con el comportamiento violento o agresivo, con la obesidad, con los bajos resultados académicos, con la sexualidad precoz y con el uso de drogas o alcohol. Así pues, el tema amerita ser tratado.

Introducción del Tema:

Los Problemas que puede provocar la TV en los niños:

. Volverse "inmunes" al horror de la violencia.
. Aceptar gradualmente la violencia como un modo de resolver problemas
. Imitar la violencia que observan en la televisión
. Identificarse con ciertos caracteres, ya sean víctimas o agresores

---

Objetivos Didácticos de la Unidad

- Reflexionar acerca del uso del recurso que constituye la televisión como vehículo para la transmisión de valores, actitudes, prejuicios y costumbres positivas y negativas, con el fin de introducir las correcciones pertinentes.

- Actuar con autonomía o con solidaridad en las relaciones con su grupo, a partir de los roles que toque jugar durante el desarrollo de la unidad.

Metodología a Utilizar

Método Socio-afectivo

En el cual se conjugan la información aportada mediante diferentes actividades y materiales educativos, con la adquisición de conocimientos mediante componentes afectivos y la propia experiencia, con lo cual se consigue la implicación personal de los participantes.

Selección de Contenidos e Ideas Ayudas

1) LA CANTIDAD DE TIEMPO MIRANDO LA TELEVISION. Cuando los niños pasan 3 a 5 horas diarias mirando la televisión, limitan bastante su tiempo para otras actividades.

2) LA VIOLENCIA EN LA TELEVISION. El porcentaje de violencia en la televisión está en aumento.
Un estudio reciente del Instituto Nacional de la Salud Mental de los EE. UU., indica que la violencia en la televisión puede ser dañina para los niños pequeños. Deben tener en cuenta que la televisión a menudo demuestra el comportamiento sexual y uso del alcohol y drogas de una manera realista y tentadora.

3) LA TELE Y EL APRENDIZAJE. Muchos estudios recientes indican que mirar la televisión excesivamente puede afectar negativamente el aprendizaje y el comportamiento en la escuela. Las horas frente a la tele interrumpen la tarea y limitan el tiempo disponible para otras formas de aprender.

4) LOS ANUNCIOS. Por lo general el niño ve más de 20,000 anuncios cada año. Los anunciantes gastan anualmente más de 1000 millones de dólares en América Latina, El Caribe y los Estados Unidos, para estar seguros de alcanzar a muchos niños. La mayoría de los anuncios de comida es de productos muy azucarados como dulces y cereales con azúcar. Esto puede dar una mala interpretación de lo que es comer saludable.

Procedimiento de Evaluación

Se implementará un cuestionario en el que cada alumno (a) contestará una serie de interrogantes acerca de sus propias costumbre de ver televisión, las horas que emplea, los tipos de programas que ve, en qué horario, los anuncios que se pasan en esas horas, las características agresivas o no de los programas, cuánto tiempo se dedican a los anuncios, etc.

FASE DE DESARROLLO (Asignación de Actividades)

- División de los participantes en grupos: El primer grupo evaluará el tiempo que pasa mirando televisión, el segundo grupo hará un listado de programas violentos por canal, el tercero conformado por los que más ven televisión, analizará si esto les afecta en sus estudios, y el cuarto grupo clasificará los anuncios en beneficiosos y perjudiciales.

- Cada grupo se reunirá con los demás integrantes para ver entre ellos sus respuestas.

- Al final se hará una plenaria para escuchar las conclusiones de cada uno de los cuatro grupos formados, a cargo de uno de sus integrantes que haya sido electo libre y democráticamente.

Material Didáctico a Usar

. Tiza y pizarra

. Rotafolio y marcadores de colores

. Archivos de audio con anuncios de diferentes tipos y escenas diversas escogidas

. Encuesta escrita

Evaluación Final.

Cada alumno aplicará el procedimiento de evaluación esbozado arriba como forma de encuesta a tres amigos(as) y hará un comentario personal respecto a cada encuestado(a), los cuales deberá exponer personalmente en la clase.

La Educación Ambiental y los problemas del hábitat en las ciudades.

Dificultades del modelo propuesto, para llevarlo a la práctica en el aula

Aunque los modelos de investigación de problemas ambientales, propuestos arriba, tienen innegables beneficios y atractivos, existen varias dificultades que tendrían que ser superadas para ponerlo en práctica en el aula. Entre tales dificultades cabe mencionar las siguientes:

- Resistencia natural de los alumnos a expresar sus ideas sobre temas de los que no están tan empapados, por temor a equivocarse frente a los compañeros.

- Dificultades para la construcción de conocimientos por el método inductivo, es decir lograr llegar a conceptualizaciones nuevas a partir de lo que se conoce previamente, lo cual implica una práctica o ejercicio consistente del método, a fin de lograr las destrezas y seguridades necesarias para aplicarlo.

- El tiempo que hay que invertir para la investigación es otra de las cortapisas del modelo, ya que generalmente es mayor que otros.

- Otro de los problemas es la ausencia de este tipo de práctica en el profesorado, sobre todo el que ha sido formado hace tiempo, en donde la oratoria y la cátedra prima sobre la investigación.

- Muchos profesores estiman que ésto es un trabajo adicional o una carga de trabajo nueva, que les va a llevar más tiempo de preparación y aplicación, sin representar un aumento de sus ingresos.

- Para que se cumplan los objetivos del modelo deben de producirse cambios de actitudes, hábitos de consumo, cambios de valores, etc., en los educandos y educadores, y esto es sumamente difícil de lograr, sobre todo en personas adultas.

- El modelo supone que al final del proceso los participantes sean capaces de intervenir en el medio para mejorarlo, pero sabemos que es más fácil "hablar, que hacer"; por lo tanto el actuar en consecuencia con lo aprehendido es un reto que implica ciertas dificultades que habría que vencer.

- Por otro lado hay dificultades que podríamos llamar socio-culturales; tales como: experiencia y voluntad para el trabajo en equipo, flexibilidad para con los demás en cuanto a sus costumbre e ideas preconcebidas, además el modelo implica el cambio radical de horarios y estructuras de los centros educativos, y una sólida formación orientada a la solución de problemas.

Temas Asociados: La ciudad como un ecosistema

Para algunas personas la ciudad puede ser considerada como un ecosistema porque posee las características que definen el concepto: límites claramente establecidos, un flujo cuantificable de materias y energía que entra en el sistema, tales como agua, alimentos, electricidad, aire, suelos, etc. Además de ella salen residuos sólidos, líquidos y gaseosos, calor, etc.

Por otra parte en la ciudad existe una diversidad constituida por elementos abióticos (como las aceras, las calles, las piedras, etc) y bióticos (como los habitantes, sus mascotas, sus plagas, jardines, etc.)

Sin embargo otros, con un razonamiento diferente del asunto, consideran que tal afirmación es errónea, entre otras cosas por lo siguiente:

a. La mayor cantidad de energía utilizada en las ciudades no procede <u>directamente</u> del Sol, sino que es obtenida fundamentalmente de centrales eléctricas y derivados del petróleo; que aunque impliquen el uso de energía almacenada originaria del Sol, suponen un uso secundario del mismo lo cual se transforma en un uso ineficiente de la fuente original.

b. La inmensa mayoría de alimentos, herramientas y equipos no se producen dentro del sistema-ciudad, sino que son importados de otras ciudades o países, por lo que pierde la categoría de "ecosistema".

c. En las ciudades no existen productores primarios, salvo las plantas de los jardines y muy escasas siembras de hortalizas que a veces aparecen y que son una representación simbólica y exigua, por lo cual no existe uno de los elementos básicos de un ecosistema.

d. No existen los elementos descomponedores en cantidades adecuadas para reciclar todos los productos de desecho que se originan en el sistema-ciudad, por lo cual hay que sacarlos fuera del mismo.

e. Tampoco existe equilibrio o balance entre el consumo y reposición de Oxígeno como en la mayoría de los sistemas naturales.

En consecuencia, esas personas consideran que una ciudad NO ES UN ECOSISTEMA.

Temas Asociados:

Estrategia para que los ciudadanos clasifiquen sus residuos

- Lo primero es orientar o concienciar a los miembros de la comunidad, respecto al concepto de clasificación de los residuos sólidos urbanos para fines de su reciclaje, para ello utilizaríamos los medios masivos de comunicación (radio, prensa escrita y televisión)

- Luego promover el dictado de charlas en clubes sociales, escuelas, colegios y barrios o urbanizaciones de la ciudad, donde se explicarían las ventajas que traería el reciclado completo de los materiales de desechos y aprovecharíamos para anunciar un incentivo socio-económico consistente en un premio al barrio o urbanización que lleve a cabo el mejor programa de clasificación.

- Escoger un día de la semana, durante un mes, para la realización de una práctica de clasificación de desechos sólidos por demarcación, a cargo de una organización no gubernamental existente en su área de influencia, la cual haya sido previamente instruida acerca de la demostración.

- Luego de terminada la actividad se repartirían afiches, folletos referentes al tema tratado y a las bases del premio al mejor programa de clasificación, además se haría un brindis social entre los asistentes.

- Se fijaría un día para el inicio del Programa de Clasificación y Reciclaje de R. S. U. Y se darían a conocer los resultados del mismo por los medios de comunicación de masas indicados al principio.

- Periódicamente se haría una evaluación general y particular (por demarcación) del programa y se discutirían las correcciones o adecuaciones correspondientes.

Temas Asociados:

Trama conceptual de distintos tipos de energía en una ciudad.

ORIGEN	TIPOS	USOS	CONTAMINACION
		Calefacción	Calor
Energía Química	Combustión		Gases contaminantes
	(madera, petróleo, etc)	Electricidad	Ruidos
EL SOL	Energía Cinética	Calefacción	Calor
(hidro-eléctricas		Electricidad	Ruido
saltos, etc.)		Riego	Eutrofización
Energía Nuclear	Fusión	Electricidad	Calor
			Radiactividad

Temas Asociados: El problema del ruido en las ciudades.

Ejemplo: <u>DISEÑO PARA TRATAR EL PROBLEMA DEL RUIDO</u>

El diseño de un programa para tratar una problemática ambiental, conforme con el modelo de incorporación de la Educación Ambiental en el currículo, implica varios aspectos:

. La investigación de la problemática ambiental seleccionada
. La adquisición de conceptos y procedimientos relativos al tema
. La concienciación de los participantes del modelo
. El cambio de actitud respecto al tratamiento del problema
. El cambio consecuente de los hábitos de comportamiento
. Un cambio del sistema de valores individuales respecto al problema estudiado; y
. La intervención personal en el ambiente, para fines de mejora

Nuestro diseño para tratar el problema del ruido en mi ciudad considera necesario implicar no solo a los estudiantes del centro educativo donde se aplicará, sino que incluiría las fortalezas de otros miembros de la comunidad tales como educadores, investigadores, consultores ambientales, periodistas, organizaciones estatales y no gubernamentales, clubes, iglesias, autoridades municipales y militares, entre otros.

El procedimiento que nos atreveríamos a sugerir, con el objetivo de lograr una verdadera solución del problema, es el siguiente:

1. Seminario para reunir a todos los interesados en la problemática del ruido en la ciudad de Santo Domingo.

2. Estudio de las normas de control de ruidos existentes en el país y compararlas con las adoptadas en otros países, para su adecuación y para la definición de metas anuales.

3. Elaboración de listados de equipos de estudio, monitoreo e interpretación de resultados; además de los formularios a usar para la recolección de los datos.

4. Determinación de los niveles de ruido que se producen en los diferentes núcleos de la ciudad, con la colaboración de las instituciones de investigación ambiental en capacidad logística y actitudinal para hacerlo, detectadas en actividades precedentes.

5. Clasificación, en base a los resultados obtenidos, de las líneas iso-acústicas por núcleo estudiado, y de los puntos críticos y fuentes de ruidos existentes en la ciudad.

6. Exposición mediante los medios masivos de comunicación de los resultados y conclusiones obtenidas del programa de monitoreo de ruidos en la ciudad.

7. Aplicación de las normativas y el programa de aplicación de las mismas que ha sido previamente adoptado, incluyendo los llamados de atención, multas y correctivos correspondientes a las infracciones.

8. Verificación por sectores del cumplimiento de las normativas vigentes y elaboración de listas de chequeo periódico, para el monitoreo de las personas o instituciones infractoras.

9. Pedir al Ayuntamiento de la ciudad, la institución de tres premios anuales a la comunidad que logre el menor Índice de Ruido durante ese período, consistente en una pequeña obra comunitaria de la que puedan beneficiarse todos los habitantes de dichas comunidades (por ejemplo un club, una iglesia, un autobús para estudiantes, un centro comunal, un comedor económico, etc.)

Temas Asociados:

Diseño de una actividad educativa en el medio natural, que sirva de ejemplo a educadores involucrados en la temática ambiental.

CAMPAMENTO AMBIENTAL GHeN 2020
GRUPO HIDRO-ECOLOGICO NACIONAL, INC.

INTRODUCCION

Considerando nuestra grata experiencia que gozamos desde los doce hasta los veintiún años, dentro del Movimiento Scout Dominicano y considerando lo atractivo y enriquecedor que resultan estos tipos de actividades en los espíritus aventureros de los jóvenes y adolescentes, vamos a diseñar una actividad educativa fundamentada en un campamento de dos días de duración, con el objetivo de aprender a evaluar rápidamente la calidad hídrica de los cursos naturales superficiales de agua, es decir de los ríos.

Para el levantamiento del referido campamento hemos elegido la comunidad rural montañosa de La Cumbre, ubicada entre las ciudades de Villa Altagracia y Bonao, de la República Dominicana, por el hecho de contar con los espacios naturales apropiados para el establecimiento del campamento y con dos ríos cuyas características organolépticas nos permiten afirmar que uno de ellos está más contaminado que el otro, pero no sabemos hasta qué niveles.

Las características y aspectos a considerar en las diferentes etapas de éste campamento serán las siguientes:

DURACION DEL CAMPAMENTO: 2 días (corta duración)

ACTIVIDADES PRELIMINARES:

a. Promoción de la reunión de planificación conjunta del campamento con la asistencia del director del centro y de los profesores encargados de los cursos que participarán en el mismo.

b. Definición de los participantes, que serán 40 jóvenes y adolescentes que cursan la Educación Media (1º a 4º del Bachillerato)

c. Elección del lugar: Proyecto La Cumbre, Km. 25 Autopista Villa Altagracia-Bonao, entrando frente al destacamento de la Policía Nacional de Bonao. En la finca del Sr. XXXXXXXX.

d. Obtención de informaciones sobre el lugar: mapas, condiciones climáticas, humedad relativa, altitud, historia, flora, fauna, croquis de los accesos, ubicación de los ríos, etc.

e. Visita previa al lugar del promotor del campamento, el director del centro educativo y uno de los profesores implicados.

f. Gestiones burocráticas para conseguir el permiso del dueño de la propiedad, comunicación a la Policía Nacional de la realización de la actividad, autorizaciones escritas de los padres de los jóvenes que asistirán a la actividad, visto bueno de parte del "Comité de Padres y Amigos de la Escuela" del centro y otras gestiones.

g. Utensilios que debe llevar consigo cada participante.

h. Definición de los costos de la actividad por participante y de las personas que se ocuparán de ofrecer las comidas y otras atenciones a los participantes

ELABORACION DEL PROYECTO

Justificación de la actividad:

Las nuevas corrientes pedagógicas recomiendan el acercamiento del educando y la escuela al medio natural, como un recurso para enseñar a los alumnos acerca del ambiente en que está inmerso. Este tipo de actividad fomenta el contacto directo con el entorno natural mediante el estudio, investigación, vivencias y disfrute del mismo, sensibilizando y desarrollando actitudes y capacidades que se revertirán positivamente sobre los propios recursos naturales y sobre los participantes, al facilitar la asimilación de contenidos de una manera amena y contribuyendo con un aprendizaje más efectivo y significativo.

El lector debe recordar que este diseño en una ejemplificación.

Lugar y fecha en que será llevado a cabo:

El lugar ha sido indicado en el acápite c) del parágrafo anterior, éste cuenta con alojamiento para 50 personas. La fecha prevista para la realización del campamento incluye los días Viernes A y Sábado B del mes C del año XXXX. La hora de salida es a las 7:00 de la mañana del día A, el tiempo de viaje hasta el lugar es de 55 minutos. La hora de regreso es a las 4:00 de la tarde del día B. El punto de partida y llegada lo es la explanada principal del centro educativo.

Finalidad y objetivos educativos:

Finalidad de la actividad

. Determinación de la contaminación de aguas superficiales.
. Evaluación de programas estatales de control de la contaminación hídrica.

JNFaña

información@grupoghen.com

. Prevención, señalización o advertencias de degradación hídrica.

Objetivos educativos

Los objetivos educativos de este campamento son dos:

1º. Facilitar el entendimiento de los factores que pueden afectar la calidad del agua superficial antes de que llegue a nuestros hogares a través de las tuberías y ser capaz de expresarlo posteriormente a las autoridades correspondientes.

2º. Aprender las técnicas experimentales básicas, necesarias para definir mediante un Indice de Contaminación, el nivel de calidad del agua de un río

Programación técnica

Actividades a llevar a cabo

En el campamento, luego de llegar al lugar previsto, se realizarán las actividades que indicamos a continuación:

PRIMER DÍA

(8:30 AM @ 9:00AM) Asignación de los diferentes alojamientos que tendrá disponible cada participante y recorrido previo por el lugar.

(9:00 AM @ 9:30 AM) Tiempo de adaptación al lugar y disposición de pertenencias.

(9:30 AM @ 10:30 AM) Explicación mediante mapas de la ubicación e itinerario de los lugares de muestreo y de la instrumentación y reactivos que usaremos para la determinación de la calidad del agua de los ríos.

(10:30 AM @ 12:30 PM) Dividir a los participantes en cuatro equipos, a los cuales se les asignará sendos kits de muestreo e investigación y explicarles acerca de los parámetros de criterio que vamos a usar para definir la calidad del agua de los ríos, que serán los siguientes:

1. CONCENTRACION DE IONES DE HIDROGENO (pH)
2. PRESENCIA O AUSENCIA de Bácterias Coliformes
3. TURBIEDAD O TURBIDEZ
4. ALCALINIDAD Y DUREZA
5. CLORO RESIDUAL
6. TEMPERATURA
7. OLOR

Continuación del programa del primer día...

(12:30 PM @ 1:30 PM) Almuerzo y camaradería

(1:30PM @ 3:00 PM) Tiempo de descanso para digerir el almuerzo o caminar por el área, según los gustos.

(3:00 PM @ 5:00 PM) Practicar el uso de la instrumentación y los reactivos, usando como muestras el agua de las cantimploras o botellas traídas de las casas de dos participantes.

Equipos a usar

El equipo de campo a emplear será el usado para analizar el agua de las piscinas que consta de instrumentos sencillos y reactivos necesarios para medir la concentración de cloro residual, pH, alcalinidad, y dureza; además de un termómetro común de 0 a 100° C y de tubos de caldo lactosado que vienen listos para usar en la determinación de la presencia o ausencia de contaminación bacteriológica.

También se usará una incubadora de bacterias y una neverita plástica con hielo, que llevaremos desde el laboratorio del GHeN.

Los demás parámetros se determinarán organoléptica-mente, como se les indicará.

JNFaña

Se usará un equipo de los indicados, por cada grupo.

Continuación del programa del primer día...

(5:00 PM @ 6:30 PM) Toma e identificación de las muestras de las aguas de los dos ríos (cada equipo tomará sus muestras) y análisis in situ de los parámetros pH y Temperatura, además de inocular la muestra en sendos tubos con caldo lactosado que serán puestos a incubar inmediatamente se regrese al campamento. Cada equipo anotará sus resultados en un formulario preparado para tal efecto.

El resto de agua que queda en los frascos de muestreo se entrará en la neverita plástica con hielo, para su conservación hasta el día siguiente, cuando se harán las demás pruebas.

(7:00 PM @ 9:30 PM) Cena, comentarios respecto a las actividades del día y disposición para dormir

SEGUNDO DIA

(7:00 AM @ 8:30 AM) Levantarse, asearse y desayunar.

(9:00 AM @ 10:00 AM) Sacar las muestras de la neverita con hielo para que adquieran la temperatura ambiente y recapitular acerca de las actividades realizadas hasta el momento y repasar los procedimientos de las que quedan pendientes por hacer.

(10:00 AM @ 11:00 AM) Exponer a los participantes la metodología o procedimientos que usaremos para definir la calidad o contaminación de las muestras, en base a la comparación de los resultados con las normas de la Organización Mundial de la Salud (OMS) y con las Normas Nacionales de Calidad para Aguas Superficiales (AG-NA-001-03); y realizar algunos ejercicios teóricos al respecto.

Metodología de análisis

información@grupoghen.com

La mayoría de los procedimientos recomendados y descritos a continuación están aprobados por la Agencia de Protección Ambiental de los Estados Unidos (USEPA), por la Asociación Americana de Salud Pública (APHA) y por la Asociación Americana de Especialistas del Agua (AWWA-American Water Works Association).

Esto significa que esos métodos satisfacen todos los requerimientos del procedimiento estudiado y recomendado por dichas prestigiosas instituciones, o que han sido aprobados por ellos como sustitutos o procedimientos alternos; y que se pueden utilizar para propósitos de monitoreo, apoyados en excelente documentación; y procurando estabilidad de los reactivos, lectura fácil de los resultados, seguridad del usuario, accesibilidad a los interesados en la problemática del agua, fiabilidad y economía en su ejecución.

El procedimiento para la determinación del OLOR está conforme con lo recomendado en el Manual de Tratamiento de Aguas, del Depto. de Sanidad del Estado de New York y el de la Turbidez, de acuerdo con recomendaciones prácticas del Programa TEXAS ALERT en los EE UU.

PROCEDIMIENTOS RECOMENDADOS

Concentración de iones de H+ (pH)	Electrodo de pH, o Fenol rojo
Presencia/Ausencia de Coliformes	Bromocresol Púrpura HACH
Cloro Residual	Comparación color/Ortotolidina
Turbidez	T. A, Texas-USA
Temperatura	Termómetro digital o analítico
Alcalinidad	Titulación con SO_4H_2 diluido
Dureza total	Titulación con EDTA
Olor	D.S., New York-USA

Continuación del programa de segundo día...

(11:00 AM @ 12:30 PM) Realización de las pruebas pendientes, anotar sus resultados en el formulario suministrado para tal efecto y verificar los parámetros que cumplen o no con las normativas correspondientes

(12:30 PM @ 1:30 PM) Almuerzo y camaradería

(1:30PM @ 2:00 PM) Tiempo de descanso para digerir el almuerzo o caminar por el área, según los gustos.

(2:00 PM @ 4:00 PM) Comparación de los resultados obtenidos por los diferentes equipos y elaboración de un documento breve con las conclusiones y las recomendaciones correspondientes a las autoridades ambientales del país.

Fin del Campamento

Aspectos a prever

DURANTE EL CAMPAMENTO

Durante la ejecución del campamento se tendrán en cuenta todos los aspectos previstos en el proyecto anterior, además de las siguientes consideraciones:

1º. Una vez se llegue al lugar del campamento se recordará a los participantes las normas de comportamiento que deberán guardar para el uso racional del espacio natural y de las instalaciones que le albergarán. Se mantendrán relaciones cordiales con las autoridades, dueños y lugareños con los que se tenga contacto en la estadía.

2º. Se recabará la participación de todos en el montaje del campamento y la distribución de los materiales, además del reciclaje o disposición preliminar de los desechos.

3º. Se deberán cumplir los horarios previstos a fin de lograr los objetivos perseguidos.

DESPUES DEL CAMPAMENTO

Un equipo formado por los profesores asistentes al campamento elaborará un resumen de todas las investigaciones, objetivos, metodologías, actividades realizadas, resultados obtenidos, interpretación de los resultados, conclusiones y recomendaciones, para conformar un informe de la actividad y sus resultados; copia del cual será remitido al director del centro de estudios y a la "Sociedad de Padres y Amigos de la Escuela", quienes estimarán si es apropiado su remisión a las autoridades de la Secretaría de Estado de Medio Ambiente y Recursos Naturales y/o a la prensa radial, escrita y televisiva.

PROPUESTA EDUCATIVA EN EL AMBITO NO FORMAL

Importancia para la sociedad de la Educación Ambiental

Entendemos la Educación Ambiental NO Formal como aquella aportación educativa que se realiza de manera extraescolar, por lo tanto se reconoce como tal toda acción que se realice de manera pasiva o activa, en lugares como parques naturales, centro de interpretación, itinerarios naturales, granjas escuelas, campos o centros de trabajo, etc., pero también aquella realizada explícita o implícitamente, por asociaciones juveniles, clubes, asociaciones ciudadanas, cooperativas, organizaciones NO gubernamentales, grupos ecologistas, etc.

El conceder importancia a la Educación Ambiental NO Formal no es un hecho fortuito, pués en todos los foros donde se ha definido la Educación Ambiental, tales como la Conferencia de la UNESCO del 1980 donde se consideró a la Educación

Ambiental NO Formal como esencial en la prevención y mejora del Medio Ambiente y la Cumbre de Río y su Agenda 21 del 1992, en donde una de sus conclusiones fue que "la EA debe ayudar a desarrollar una conciencia ética sobre todas las formas de vida con las cuales compartimos el planeta"... y para llegar a todos, nada mejor que la Educación Ambiental NO Formal.

La Educación Ambiental NO Formal es importante para la sociedad porque llena un vacío a los individuos que no han recibido este tipo de educación o que no están actualizados respecto a los últimos descubrimientos y situaciones ambientales presentes en su ciudad, su país o el planeta, ya sea porque han pasado de su ciclo de vida escolar (a nivel primario, básico o superior) o porque nunca hayan tenido acceso adecuado a la educación formal (por la lejanía de centros educativos, apatía, pobreza extrema, etc.).

La Educación Ambiental NO Formal se encarga de suministrar a todos los ciudadanos la información exacta y actualizada sobre la situación de los recursos naturales, renovables o no, así como de sus niveles de contaminación o agotamiento, posibilidades de reducción del consumo, re-uso, reciclaje, etc.; además de que crea los incentivos necesarios para que las personas se involucren en la preservación o recuperación de dichos recursos.

También es importante porque incrementa la tendencia al equilibrio entre las necesidades inmediatas de los ciudadanos que forman parte actual de la sociedad y las necesidades de aquellos que vivirán en ella en el futuro, creando las condiciones necesarias para que exista un uso sostenible de los recursos; al hacer que las personas tomen conciencia de que a diferentes niveles, todas las decisiones que tomemos individualmente en el presente, respecto a los uso o abuso de los recursos naturales, repercutirá globalmente en el medio.

Además la Educación Ambiental NO Formal tenderá a la formación de una ética ambiental colectiva e individualizada que inducirá a los miembros de la sociedad a la comprensión de interdependencia entre todos los seres vivos y el medio ambiente, al pensamiento ambiental crítico y en definitiva a la promoción de la participación individual y mancomunada que hará que las personas adquieran un compromiso sólido y permanente con la preservación, adecuación, control y recuperación de los elementos que conforman la biodiversidad en la que estamos inmersos

En definitiva las ventajas de esta educación las podemos encontrar en muchos de los programas no formales que están siendo desarrollados con pedagogías activas, tan esenciales en Educación Ambiental.

Las técnicas participativas y de toma de decisiones también están muy desarrolladas en este tipo de educación, al igual que el juego democrático, el reparto de responsabilidades y la autogestión.

Además en la Educación Ambiental No Formal hay un alto grado de poder de convocatoria entre niños y personas jóvenes, y por esto la "educación en el tiempo libre" tiene mucha potencialidad, al aprovechar los intereses de los propios educandos.

Esto se manifiesta en el involucramiento espontáneo de la juventud en trabajos de limpieza de playas, reciclaje, siembras de arboles en las montañas y otros proyectos de ese tipo.

Un comentario:

"En otros momentos, los proceso educativos surgen de forma espontánea en el contacto que los individuos tienen con el mundo que les rodea.

"Esta dimensión del proceso educativo denominada EDUCACION NO FORMAL, no posee objetivos específicos que orienten al mismo. En este sentido, en la educación no formal, los individuos van aprendiendo de forma casual, inintencionadamente, a partir de sus vivencias y experiencias cotidianas"

Dr. Javier Benayas

Los otros momentos de los que habla el Dr. Benayas, muy probablemente sean aquellos en que los individuos tienen acceso a la educación de una manera no formal, que en muchas ocasiones surgen de forma espontánea al encontrarse inmersos en la realidad que les brinda el mundo en que viven.

Cuando ocurre de este modo, es decir sin planificación, dirección, control y retro-alimentación, entonces no existen objetivos específicos que se estén persiguiendo o que orienten el proceso; entonces, ante esta situación los individuos van aprendiendo libremente, de forma no planificada o casual, sin la existencia de una intención previamente pensada por alguien, por el solo hecho de estar viviendo dentro de la trama de la vida, donde concurren y se relacionan diferentes factores aleatorios e impredecibles.

En muchos casos no se logra ningún cambio conductual con este tipo de Educación Ambiental Asistemática, ya que se supone que no se han previsto metas u objetivos, y las estrategias han surgido sin ninguna reflexión, sin criterios de evaluación y sin plan de acción; aunque el aporte de este tipo de educación no formal no debe ser despreciado por completo, porque a veces puede producir efectos positivos en los individuos, en la sociedad y en el mismo medio.

Modelo de intervención educativo

Un modelo de Intervención Educativo es un conjunto de acciones educativas metódicamente adquirido y sistemáticamente ordenado, que van a determinar los resultados y los productos pedagógicos deseados.

Esto supone la existencia de unos planteamientos y sus soluciones o respuestas que orienten dichas acciones, entre los cuales están los siguientes:

información@grupoghen.com

PLANTEAMIENTO	RESPUESTA
Por qué educamos ambientalmente	Porque pretendemos una filosofía educativa centrada en la defensa de la naturaleza y el Medio Ambiente
Para qué educamos	Para cambiar la actitud del individuo respecto a uso racional de los recursos, favoreciendo la toma de decisiones
Cómo educamos	Nuestro modo y método de proceder es interdisciplinario; yendo de lo concreto y próximo a lo lejano y menos conocido; encadenando conocimientos
A través de qué educamos	El medio a través del cual educamos es preferiblemente el propio medio.
Qué contenidos aportaremos	Se extraerán de la situación ambiental en que el educando vive y se intentará relacionados con las causas y efectos que se posea sobre otras situaciones
Quién va a educar	Educará todo educador desde su propio ámbito y actividad, debidamente capacitado
Cuándo debemos educar	En cualquier ocasión
A quiénes debemos educar	A todos, tanto a niños, jóvenes y adultos

Fuente: Trabajo final Máster en Educación Ambiental, J. N. Faña, 2005

El modelo de intervención educativo deberá ejecutarse mediante un programa de educación ambiental (PEA), cuyas características, de acuerdo con las orientaciones de la UNESCO deben ser:

. Un proceso permanente que debiera extenderse a todas las edades.

. Progresivo para que los conocimientos se vayan ampliando y extendiendo.

. Promover el interés, la toma de conciencia y la sensibilización hacia el Medio Ambiente.

. Vincular aspectos sociales y biológicos al desarrollar soluciones científicas a los problemas ambientales.

. Dar la oportunidad de estudiar a una comunidad en sus condiciones naturales.

. Hacer hincapié en los problemas del medio local para que los ciudadanos se incentiven y encuentren los medios, para hacer frente a sus problemas, pero sin perder la perspectiva global de la problemática ambiental.

. Debe ser tal que las personas desarrollen un papel activo en el proceso educativo. Las actitudes se adoptan por medio de las experiencias y reflexiones personales y no por presentaciones de conclusiones digeridas de antemano.

. Dar la oportunidad de formar dirigentes, contribuyendo a la constante renovación de sus conocimientos, interés, comprensión y aptitud para la enseñanza en materia de EA.

Para el desarrollo de los PEA se requieren las siguientes fases:

1ª → El descubrimiento del medio a través de la investigación, del propio aprendizaje y de la vivencia personal 2ª → El conocimiento del medio profundizando en lo descubierto e indagando en las relaciones entre sus elementos 3ª → La expresión del medio a través de actividades creativas que den pié a expresar lo descubierto y conocido 4ª → La crítica del medio asumiendo la propia visión de la realidad y conduciendo hacia la toma de decisiones y actitudes de defensa del medio 5ª → La transformación del medio proponiendo alternativas a la realidad, encontrando soluciones y llevándolas a la práctica.

Un modelo de intervención educativo, basado en opiniones de H. R. Hungerford y R. B. Peyton (UNESCO 1985), debería considerar los siguientes aspectos:

Metas que entrarán en el PEA

Los objetivos o metas de la EA quedaron demarcados en Tbilisi en cinco categorías: Concienciación, Conocimientos, Actitud, Competencia y Participación; que como vemos no es más que una evolución de las metas que hemos planteado y que hemos venido repitiendo.

Utilización de las metas

Necesitamos una forma de operar sobre metas para garantizar que el material pedagógico final sea válido. En otras palabras, pretendemos elaborar un Programa de Educación Ambiental y para ello necesitamos un Proceso Pedagógico.

Recursos para la Educación Ambiental

Los recursos metodológicos de la EA recomendados para su utilización son: Percepción mediante el uso de los sentidos, Conceptualización usando los conocimientos, Simulación mediante la modelación de la realidad, Juegos Ambientales en los que se usan soportes lúdicos y Solución de Problemas utilizando situaciones reales como acción educativa.

Directrices para preparar los programas

Esas directrices son:

1. Organización del equipo de personas con sus tareas, calendarios, recursos y posibles obstáculos a tener en cuenta.

2. Definición del alcance y desarrollo del programa.

3. Inventario de los recursos educativos disponibles.

4. Preparación del programa y Redacción del documento.

5. Organización de la aplicación del programa.

6. Elaboración de un Plan de Evaluación Integral.

Consideraciones en la aplicación del programa

Al aplicar el Programa de Educación Ambiental se deberá tener presente algunas consideraciones, entre las cuales cabe mencionar: los contactos con los organismos o personas externas al equipo, contacto con los miembros del equipo, empleo del tiempo de los participantes y horarios, aptitud de los educadores, infraestructuras y materiales requeridos con suficiencia, efectos de la interacción del publico meta con los recursos del medio, solución de los problemas logísticos y de coordinación y disponibilidad de los recursos financieros necesarios.

Temas Asociados: El Problema de los bosques y la Educación Ambiental

En nuestro país se han perdido las dos terceras partes de su patrimonio forestal en los últimos 100 años por la expansión de las explotaciones agropecuarias y la demanda de la madera y de la leña, estimándose en más de doce las especies de plantas que están en peligro, incluyendo el ébano verde, que era una madera preciosa hoy en extinción. Se estima que más de la mitad del territorio nacional experimenta los efectos de erosión hídrica y eólica tanto crónica como aguda.

La erosión hídrica tiene especial importancia en los terrenos montañosos y bosques nublados como los de Constanza, San José de las Matas, La Lomota de Navarrete y Jarabacoa, entre otros, donde se produce la mayoría de los granos de café y cacao en el país, además de flores; y donde nacen los más importantes ríos nacionales.

Uno de los problemas más significativos de nuestra isla de Santo Domingo es la desertificación; una buena parte del territorio del país es árido o semiárido. Pero el problema más acuciante lo es nuestro vecino Haití, donde solo queda un 10 % de tierra con alguna floresta maltratada, por lo que nosotros tenemos que servirle con empleos, agua y energía a más de un millón de sus habitantes, según estimaciones recientes.

Cerca de un cuarto de la tierra bajo riego en República Dominicana está en proceso de salinización por inadecuado drenaje, la fertilización irracional y por mal manejo del riego acrecentado por el bajo costo del agua, especialmente en la zona baja regada por el río Yuna, donde existe un proyecto (AGLIPO) financiado por el gobierno de Japón, donde se gastaron más de tres mil millones de pesos y muy poco lo que se logró en comparación.

Gran parte del problema de deterioro forestal en nuestro país se debe al convencimiento de que los recursos naturales son ilimitados e invulnerables, a la falta de una política adecuada, a la ausencia de coordinación en la aplicación de las normas y a la insuficiencia de información y conciencia pública sobre la protección de los bosques y sus cuencas y el corto alcance de los sistemas de protección.

A pesar de que existe un Ministerio de Estado de Medio Ambiente y Recursos Naturales, una Ley de Medio Ambiente y Recursos Naturales y una serie de Normas Ambientales Dominicanas, la protección efectiva de los bosques es muy limitada y endeble, pues los gobiernos generalmente son permisibles, cuando de vulnerar esos sistemas se trate, siempre que se prevean ventajas económicas o politiqueras a corto plazo, regularmente sin estudiar el largo plazo.

Además el sistema de bosques protegidos en realidad es pequeño comparado con otros países, aunque el número de áreas "protegidas" sea grande.

Por ejemplo; el Sistema Nacional de Áreas Protegidas constaba, al momento de escribir estas líneas (lo cual verificamos para un curso realizado en Mayo 2003), de diez (10) categorías, algunas inventadas por las autoridades de turno y que no cumplían con la clasificación recomendada por la Unión Internacional para la Conservación de la Naturaleza (UICN).

Ellas eran:

1. Seis (6) Reservas Científicas

2. Cuatro (4) Reservas Biológicas

3. Veinte y dos (22) Parques Nacionales (entre los que están incluidos los bosques supuestamente protegidos, y que representan menos del 4 % del territorio nacional, cuando lo ideal sería un 15% - segun ODUM, Ecología, tercera edición)

4. Nueve (9) Monumentos Naturales

5. Dos (2) Reservas Antropológicas

6. Siete (7) Refugios de Fauna Silvestre

7. Diez (10) Vías Panorámicas

8. Tres (3) Areas Nacionales de Recreo

9. Seis (6) Corredores Ecológicos; y

10. Una (1) Reserva Ecológica Especial.

Quien observaba este listado en su época, se hacía la idea de que la protección natural era inmensa en nuestro país, sin embargo cuando fuimos al mapa donde estaban graficadas, no representan ni el cinco por ciento del territorio.

De todos modos la protección en la República Dominicana es muy superior a la del vecino Haití, aunque no podemos conformarnos con esto, sino promover que se dé una protección verdadera a esas áreas, disponiendo los recursos técnicos y económicos para hacerlo, evitar su disminución y más bien incrementar las áreas.

Aceptamos que no hemos repetido el ejercicio de cuantificación de las áreas protegidas, lo cual podría ser una labor pendiente para otra ocasión, pero ojalá que los legisladores y gobernantes tengan la suficiente voluntad política para mejorar esas condiciones de protección encontradas en aquella ocasión.

OTROS PROBLEMAS ASOCIADOS

El uso de pesticidas se realiza en zonas de agricultura intensiva flori-horti-frutícolas, que están principalmente en dos ámbitos geográficos (Constanza Y Jarabacoa) en los que lo urbano y lo rural están muy próximos y mantienen un vínculo hidrológico muy fuerte. Estos ámbitos están en la cabecera del río Yaque del Norte que irriga el valle del Cibao, con agricultura intensiva incluso en los pequeños tributarios del mismo, que es el más largo e importante de los cursos fluviales del país.

Durante más de medio siglo el sistema de producción de rotación agro-ganadera o agro-silvo-pastoril, es decir la alternancia de cultivos agrícolas con praderas perennes, mantuvo la fertilidad y estabilidad de los suelos que ahora comienzan a verse comprometida por el paso a la explotación en agricultura continua.

El manejo del suelo sigue siendo degradante, ya que ni el pequeño productor que alquila su campo puede controlar el manejo adecuado y conservador de su suelo, ni al contratista le interesa el mantenimiento de la estructura y fertilidad del mismo.

Los pequeños y medianos productores, se encuentran en una etapa de reconversión productiva en la que adoptan un paquete de prácticas conservacionistas aunque sus suelos se degraden.

Un alto porcentaje de las propiedades pequeñas están siendo sometidas a un proceso muy dinámico de arriendo temporal en contratos por una cosecha o de compra para ampliar propiedades contiguas por parte de empresas o empresarios agropecuarios.

En este marco, la figura del contratista o arrendatario se vuelve poco a poco sinónimo de manejo deprecatorio del suelo, entre otras cosas por su corta permanencia en los lotes en los que opera, sea como contratista de producción o de mediano plazo.

La racionalidad del contratista muchas veces no incluye valores de conservación del suelo, ni de fragmentos de ecosistemas, ni del sistema de evacuación natural de los excedentes hídricos de los lotes que cultiva. Todo lo contrario, el contratista usa las practicas y los manejos que le produzcan mayores ganancia, sobre todo en contratos accidentales donde su preocupación por conservar la capacidad productiva del suelo para cosechas futuras es nula.

Aunque esto ha disminuido, el consumo de leña de los sectores rurales y urbanos de bajos ingresos y la enorme demanda de postes para sostener las alambradas y para hacer carbón ha producido devastadoras extracciones que afectan los bosques.

Por otra parte, el sobre ramoneo caprino en la región Noroeste del país ha hecho desaparecer localmente especies sub-arbustivas. Por otro lado, la explotación forestal selectiva para madera y leña que a pesar de la exigencia de planes regulados por ley, se manejan en la práctica sin programa alguno.

La aparición de neo-ecosistemas, es decir ecosistemas mixtos con componentes naturales y componentes introducidos por el hombre, pero dominados por las especies introducidas, ha producido el avance de la frontera urbana y agrícola. Sobre la primera hay proceso de fragmentación de ecosistema natural y aparición de neo-ecosistemas, es decir, de comunidades animales y vegetales donde los dominantes son especies introducidas. Los procesos mencionados han generado la desaparición de especies de flora y fauna y fragmentación o desaparición de ecosistemas.

Las causas de la deforestación del bosque nativo en República Dominicana han sido principalmente la implantación de la agricultura y la ganadería intensiva, los incendios forestales espontáneos o provocados y la reconversión forestal. Para la deforestación, se han usado distintos métodos, el fuego se ha practicado masivamente en las lomas desde principios de siglo para ampliar las sabanas naturales y todavía se quema grandes superficies de bosques para abrir campos a la ganadería, aunque a pequeña escala.

PROGRAMAS DE REFORESTACION

En la evaluación del impacto de la industria extractiva forestal, donde se siembran árboles con el propósito de cosecharlos luego de varios años, debe tenerse en cuenta que en la actualidad el aporte de bosques plantados es importante no sólo en producción de madera aserrada, sino en postes, leña y carbón. En estos tres rubros sigue siendo mucho menor que la proveniente de bosque nativo. Más de un centenar de las mismas no están implementadas efectivamente para conservación de la biodiversidad, y su situación no va a mejorar si no se revierte la situación económica de las provincias donde las áreas protegidas se encuentran con dificultades económico-financieras y tienen enormes problemas para cumplir con la instalación de un mínimo de infraestructura.

.

Un indicador importante de cambio de biodiversidad es el proceso de erialización entendido como sumatoria de desertificación y erosión de origen antrópico. Mas allá de los valores poco concordantes, hay una disminución muy importante del bosque nativo para un país naturalmente pobre en bosque. Desde principios del siglo a la actualidad la disminución de la superficie boscosa abarcaría entre el 50% y el 80% del área original según estimados conservadores, y la parte principal de esta deforestación se ha dado fuera de los bosques nativos muy húmedos, cerca de la frontera con Haití.

En la actualidad todos los proyectos de reforestación en marcha y de mayor auge son privados y con fines de explotación de la madera la mayoría; y aunque el Estado muchas veces ha anunciado proyectos de reforestación con nombres rimbombantes como "Selva Negra", "Quisqueya Verde" y otros, ninguno ha producido lo suficiente para mejorar la situación forestal dominicana, porque son proyectos para hacer promoción periodística y a veces obtener adeptos; no planificados racionalmente, donde se olvida que las plantas como seres vivos, requieren de mantenimiento, especialmente de riego y fertilización luego de sembradas.

EVALUACION DEL PRIMER MODULO

GESTION DE LA EDUCACION AMBIENTAL

NOMBRE DEL PARTICIPANTE: ___

1) Contestar las siguientes preguntas:

a. De los 5 sentidos, ¿cuáles nos diferencian básicamente en comparación con los animales irracionales?

b. En tu ciudad, ¿cuáles han sido los 3 cambios ambientales más destacados?

c. ¿Qué ha sido lo "peculiar y distintivo" del Ser Humano, frente al Medio Natural (el ambiente)?

d. ¿En qué consisten los Modelos Centrados en el Individuo?

e. Respecto a los desechos sólidos, ¿cuáles son los problemas de control sanitario de los mismos?

2) Señalar la diferencia entre cada par de conceptos:

a. Modelo Puntual y Modelo Integrado.

b. Anuncio bien orientado y anuncio mal orientado.

c. Sociedad de Consumo y Sociedad de autoabastecimiento.

d. Educación Sistemática y Educación Asistemática (o NO Formal).

e. Contaminación por energía química y contaminación por energía nuclear.

3) Definir brevemente cada tema

a. Currículo Oculto.

b. Educación Moral para la Convivencia y la Paz.

   c.   Método de Solución Colectiva de Problemas.

   d.   Modelo de Intervención Educativo.

   e.   Neo-ecosistema.

4) Diseñar una actividad educativa, conforme con alguno de los ejemplos o los metodos explicados en este texto.

Enviarnos las dos evaluaciones incluidas en este libro para su calificación; y si obtiene ≥ 75%, recibirá un certificado de aprobación del curso "Gestión de la Educación Ambiental y el Desarrollo Sostenible". En caso de no obtener la referida calificación, tendrá una segunda oportunidad para lograrlo.

informacion@grupoghen.com / https://www.grupoghen.com

Segunda Parte: Gestión del Desarrollo Sostenible

MODULO I: CONCEPTUALIZACION
Que NO es el Desarrollo Sostenible
Definiciones y Conceptos

Temas colaterales: investigar en Internet

Ciclo de Vida de Productos (LCV)
Norma de Calidad del Agua (Rep. Dom.)

MODULO II: SITUACION
Situación Actual y política Ambiental

Temas colaterales: investigar en Internet
Norma de Calidad del Aire (Rep. Dom)
La Contaminación Industrial

MODULO III: POSIBILIDADES
Acciones que posibilitan el Desarrollo Sostenible

Temas colaterales: investigar en Internet
Economía Social de Mercado
Normas de Residuos y desechos (Rep. Dom.)

MODULO IV: APORTES
Aportación Comunitaria y Estatal en el Proceso de D. S.

Temas colaterales: investigar en Internet
EIA y Desarrollo Económico-Social (Colombia)
Producción Más Limpia

MODULO V: EVALUACION
Evaluación del Nivel de Sostenibilidad del Desarrollo

Temas colaterales: investigar en Internet
Indicadores de Desarrollo Sostenible (CIAT-UNEP)
Normas de Protección contra Ruidos (Rep. Dom.)

DESARROLLO SOSTENIBLE...?

MODULO 1: DEFINICIONES Y CONCEPTOS.

"Para el logro de una calidad de vida con equidad
y que se mantenga a través del tiempo,

es fundamental utilizar el criterio de sostenibilidad o sustentabilidad, especialmente en la selección de las tecnologías y formas de uso del ambiente".

-Hernán Contreras Manfredi-

El titulo de éste capítulo sugiere una duda. Lo escogimos así porque muchos conciben al "desarrollo sostenible" como una expresión hueca y desgastada, que solo sirve para destacar el acervo neologista de quienes la incluyen en sus lindos discursos, generalmente politiqueros, a sabiendas de que nunca harán ningún esfuerzo por convertir esas palabras en realidad tangible para el disfrute de sus congéneres.

Otros creen que es imposible un verdadero Desarrollo Sostenible, asumiendo una actitud fatalista o apocalíptica; y creyendo que de cualquier modo destruiremos todas nuestras reservas de energía mucho antes de que se termine la que proviene del Sol; mientras otros creen ingenuamente que no importa lo mucho que ensuciemos el planeta y destruyamos la biodiversidad, pués siempre aparecerá una técnica o una ciencia que nos salvará.

Unos pocos consideran el concepto que envuelve esta frase, como un atentado a los privilegios de los que siempre han disfrutado, pues lo entienden como una donación de los beneficios económicos y del bienestar social que solo ellos "han ganado el derecho a disfrutar", para lograr el incremento de la calidad de la vida de la gran mayoría de la gente común; lo cual implicaría un cambio de actitud que no están en disposición de promover en si mismos, ante la creencia de que su propio bienestar disminuiría.

Por último, algunos creen que "desarrollo sostenible" es una frase de moda que utilizan unos vivos y otros románticos, llamados ahora "ecologistas" (para enredarle la vida a los industriales, comerciantes y ricos) que al no poseer el poder del discurso agitador de barricada, ante la caída estrepitosa de las teorías extremistas, han tomado la "ecología" como estandarte.

Consideramos que los anteriores enfoques del concepto Desarrollo Sostenible adolecen de una falla común: carecen de

información@grupoghen.com

racionalidad. Cada uno de ellos es una expresión cerrada de un punto de vista particular de un grupo que enfoca "su verdad", pero que no está tomando en cuenta la verdad que encierran los puntos de vistas de los demás.

Para entender el concepto vamos a decir que todo desarrollo será sostenible cuando implique tres factores básicos:

1. Un incremento de la riqueza. Que beneficie, no solo a los que siempre han sido privilegiados de la sociedad, a los dueños de los medios de producción y de la riqueza inicial; sino que también beneficie a los que ponen su fuerza de trabajo en el logro de resultados positivos en el proceso de producción de bienes y servicios e incluso a los que están fuera del proceso (por ser indigentes o estar sin educación, trabajo, etc.); y que no perjudique a niveles superiores a los aceptables, la calidad y cantidad de los recursos naturales usados como materia prima o como recipiente de residuos de cualquier tipo.

2. Una distribución justa del bienestar social. Esto significa que los beneficios del desarrollo deben repartirse equitativamente entre todos los individuos que conforman la sociedad donde se verifique dicho desarrollo.

Esto implica que el monto de la distribución deberá corresponder al esfuerzo de los individuos de la sociedad en lograr el referido desarrollo, pero también deberá llegar a aquellos que la misma sociedad no le ha dado la ocasión de agenciarse un "puesto" en la cadena de producción y distribución (por falta de oportunidades de educación o salud, por haberlos acostumbrado a un Estado paternalista, por ser damnificados de desastres naturales, pandemias, etc.); y además deberá debitarse un monto para remediación de los daños ambientales generados como "pasivo ambiental" por los procesos de producción.

3. Un criterio de sostenibilidad. Que es el proceso de racionalización de las condiciones sociales, económicas, educativas, jurídicas, éticas, morales y ecológicas fundamentales, que posibiliten la adecuación del proceso de incremento de las riquezas y del bienestar social, con la conservación de los recursos naturales renovables y su uso racional, en un ambiente de equidad, que mejore la calidad de vida de las presentes generaciones, sin comprometer la

posibilidad de que esto se verifique también en las generaciones futuras.

En consecuencia; Desarrollo Sostenible es un proceso dinámico de crecimiento económico y social donde los beneficios derivados del bienestar que trae consigo este crecimiento se distribuyen equitativamente entre todos los miembros de la sociedad, pero sin afectar en cantidad y calidad los recursos naturales renovables, para asegurar la misma expectativa a las generaciones que en el futuro vivirán en el planeta tierra.

Una condición indispensable para que el desarrollo sea sostenible en una nación es hacer compatibles sus políticas ambientales con las sociales y económicas, procurando que los ciudadanos tengan derecho a respirar aire puro, usar agua libre de contaminación y disfrutar de suelos productivos, sin enajenación del patrimonio natural bajo ningún alegato; y sin señales de dependencia extra-territoriales que hagan flaquear este objetivo.

Existen algunas consideraciones que debemos tener presentes para redondear una definición de Desarrollo Sostenible y aclarar conceptos relativos a este.

1ª. Desarrollo Sostenible (D.S.) no es equivalente a "desarrollo eterno"; esté último concepto es una utopía, pués ninguna configuración de elementos naturales, artificiales, tangibles o virtuales permanecerá eternamente; sino que se transformará en energía o en otra configuración, luego de cumplido su ciclo universal, debido al irremediable pasivo ambiental incobrable o irrecuperable.

Pero estos ciclos son seculares o multi-milenarios; y con D.S. simplemente estaremos actuando de acuerdo con los referidos ciclos y permitiendo que las generaciones que nos sobreviven disfruten también de los beneficios del D.S. hasta que maduren lo suficiente para encontrar otro sistema de desarrollo superior, en nuestro planeta o en algún otro punto del universo.

2ª. El objetivo principal del D.S. es el mejoramiento de la calidad de la vida de las personas (de todas; incluyendo las que hoy están muy bien y las que están muy mal). No es solo preservar las especies y la bio-diversidad, no es solo descontaminar las aguas de nuestros ríos, reforestar sus cuencas o desalinizar los suelos, o procurarnos un aire más puro y respirable, o disminuir la basura, el "efecto invernadero" y el "hoyo en la capa de ozono".

No, es nuestra propia vida y la de nuestros descendientes la que está en juego, si no procuramos que el desarrollo que se genere en nuestro país, en nuestra región y en todo el orbe, se verifique de acuerdo con el criterio de sostenibilidad.

3º. La mayoría de los modelos de desarrollo actuales se fundamentan en técnicas puramente productivistas y mercantilistas. Se calcula su "éxito", básicamente en función de un indicador: "el Producto Interno Bruto", que hace honor a su nombre, muy bien puesto (BRUTO).

En éste modelo no se toman en cuenta variables tales como uso de tecnologías ambientalmente inocuas o beneficiosas, subordinación de las riquezas monetarias a la preservación de los capitales ambientales de la biodiversidad, mantenimiento de una relación simbiótica con la naturaleza, reconocimiento de que las materias primas o recursos primarios son limitados o finitos.

El modelo econocentrista no evalúa los impactos ambientales de la actividad, ni se preocupa por el mantenimiento racional del potencial de producción de los ecosistemas y con ello contribuye a "matar su propia gallina de oro" en un lapso temporal muy corto.

4º. La gestión para un desarrollo sostenible en una responsabilidad principalmente de Estado, entidad a la que hemos subordinado (la humanidad) parte de nuestros deberes, a cambio de una tasa de nuestros ingresos (impuestos) y de una porción de nuestros derechos. Pero ello no nos exonera de responsabilidad ambiental en el área de acción personal y comunitaria (no nos autoriza a tirar basura en las calles, o a ensuciar las paredes del vecino, ni a contaminar el aire o los ríos).

En consecuencia, el logro del D.S. es una responsabilidad compartida estatal, individual y colectiva. Requiere del compromiso de todos los sectores, ninguno exceptuado, a fin de que sea sustentable.

5º. Evidentemente que con la terminación de los regímenes totalitarios y de las luchas ideológicas del pasado reciente, en varios países de América Latina, incluyendo la República Dominicana, se ha verificado un notable desarrollo económico: incremento de los salarios mínimos, disminución de la tasa de desempleo, aumento de ingresos promedios por habitante, decremento del índice promedio de miseria, crecimiento de los niveles de escolaridad, achicamiento de la deuda externa, expansión del sector comunicaciones, control de la inflación, acrecentamiento del producto interno bruto y minimización de la corrupción.

Pero cabe preguntarse si este modelo de desarrollo será sostenible a mediano y largo plazo, al agregarle las variables: aumento desordenado de la población, emigración en masa de familias o individuos de las zonas rurales a las urbanas, costo de la "canasta familiar" muchas veces por encima del salario mínimo, degradación en calidad y cantidad de la mayoría de los recursos del ambiente lo que se traduce en degradación de la calidad de vida, manejo inadecuado, irracional, irresponsable y/o torpe de los residuos sólidos, líquidos y gaseosos en los principales municipios y ciudades, incremento de la criminalidad; y comportamiento politizado de las autoridades municipales y algunos funcionarios del gobierno central, cuando se pronuncian o actúan a favor de uno u otro bando político, para hacerse graciosos ante los votantes potenciales y para "hundir" o hacer quedar mal a sus adversarios.

MODULO 2: SITUACION ACTUAL Y POLITICA AMBIENTAL

"Todo, el presente y el pasado, existe en nombre del futuro y de cara a él"... Es el futuro el que confiere a nuestro ser tensión, el que determina nuestra disciplina y nuestra moral... Sin futuro se hunden los hombres igual que los pueblos...

-Ortega y Gasset-

¿Adónde Vamos? es una cuestión fundamental que deben dilucidar los pueblos que pretenden alcanzar el desarrollo con sostenibilidad; no obstante esa interrogante esta indisolublemente unida a otras dos: ¿De Dónde Venimos? Y ¿Dónde Estamos? Es decir: ¿cuál es la situación actual?

Los problemas ambientales presentes en nuestro país y en casi todos los países de América Latina y el Caribe, nos han colocado en una situación delicada de cara al futuro; revelando que las "soluciones" técnicas, de política ambiental y burocráticas, aplicadas hasta la fecha; o no han servido, o han sido solo paliativos insuficientes al problema, que representa la degradación de nuestros recursos naturales supuestamente renovables.

Los gobernantes de la década, la prensa, los organismos especializados en asuntos ambientales, las iglesias, las instituciones educativas y la sociedad en general; hemos mostrado tímidamente nuestro interés porque se formule una política económico-ambiental metódicamente planteada, sistemáticamente aplicada y oficialmente institucionalizada. Pero esto no ha sido suficiente para dar el salto dialéctico que implica pasar del campo teórico, a la realidad objetiva a largo plazo.

En nuestro modelo de desarrollo ha primado un manejo y uso deficiente, ineficiente e irracional de los recursos naturales, un incremento desmesurado e incontrolado de la población, una sustitución NO estudiada, incontrolada e irresponsable de la mano de obra nacional por extranjera (en República Dominicana), una distribución injusta del incremento innegable de las riquezas y del bienestar social; y un manejo asistemático-aleatorio de los problemas de tipo educativo-cultural, judicial, institucional, técnico, económico y político; en su relación con el medioambiente.

En lo relativo a la política ambiental, los dirigentes tradicionales de los poderes ejecutivo, legislativo y judicial, todavía tienen que hacer mayores esfuerzos para adoptar una actitud largoplacista respecto a la solución de los problemas del ambiente; escuchar a los que saben del tema, sin banderías partidistas, ser más nacionalistas en la adopción de disposiciones que afecten nuestros eco-sistemas, no esperar, en señal de dependencia incalificable, que sean las grandes potencias quienes nos digan lo que tenemos que hacer y que nos presten el dinero para supuestamente hacerlo, apoyar a las instituciones nacionales que se dedican a la investigación de estos problemas, dotar al país de un instrumento legal que ampare realmente la preservación oportuna de la calidad y cantidad de los recursos del ambiente, evitar la degradación del aire, el agua y los suelos; y castigar los delitos ecológicos y mediar ante las externalidades producidas a terceros, etc.

En el aspecto económico, muchos de nuestros países han tenido un crecimiento macro-económico relativamente alto, alcanzando un incremento del PBI hasta de un 7%, pero esto solo ha servido para enriquecer aun más a los que siempre han sido ricos, y para empobrecer a los que siempre han sido pobres e incluso, en menor rango, a los que tradicionalmente pertenecían a la clase media. Esto puede comprobarse al determinar qué porcentaje del ingreso nacional percibe la cuarta parte de la población más pobre. En la mayoría de nuestros países el 25% más pobre solo percibe el 8% del ingreso de la nación, mientras que el 25% más rico percibe por lo menos 67%, quedando menos del 25% para toda la clase media.

Evidentemente, esto refleja una malísima distribución del bienestar originado en el innegable desarrollo económico; y esto es socialmente explosivo, porque el 8% del 100% de la riqueza, para el 25% mas pobre, no alcanza ni para comer, mucho menos para otras necesidades humanas como el desarrollo de una conciencia ambiental; y ecológicamente esto es insostenible a largo plazo, porque cuando la 4ª parte de la población ni alcanza a comer; y otra 4ª parte puede crear un entorno muy particular cómodo e incontaminado, ocurrirá que ninguna de las dos partes se ocuparán mucho por un ambiente común.

En cuanto a los factores técnico y educativo, la situación medioambiental ha mejorado notablemente en los últimos tres años, en razón de que la transmisión de conocimientos y la transferencia de tecnologías ambientales se está verificando, gracias al interés mostrado y/o a la presión ejercida por instituciones educativas de diversos niveles, por asociaciones ecologistas, profesionales interesados, grupos comunitarios, etc.

Las instituciones educativas del nivel superior, por fin, han sistematizado su oferta curricular en el área de cursos técnicos, gestión, educación, ingenierías, especialidades y maestrías ambientales y sanitarias. Sin embargo todavía es necesario que esos conocimientos y tecnologías se adecúen y lleguen a nivel popular, hasta los barrios marginados, cordones de miseria que viven (y contaminan) en las riberas de los ríos, hasta nuestros campos y montañas; y sobre todo que se constituyan en materia obligada de los pensums de todas las escuelas privadas y públicas (en estas últimas los maestros hemos sido más gremialistas que educadores).

En el aspecto institucional, a pesar de que se han creado cargos e instituciones gubernamentales para la posible coordinación y unificación de todos los organismos y personas que trabajan en el área ambiental, existe todavía una penosa duplicidad de funciones, y atribuciones nebulosas entre un sinnúmero de funcionarios de los Estados. Todavía falta un esfuerzo adicional para lograr el manejo sistemático, no individualizado, no politizado...que evite la dispersión y desperdicio de recursos económicos, sociales y humanos.

La más importante de las deficiencias que había que salvar era la creación de un organismo único e indiscutible que sea rector y coordinador de todas las labores estatales a favor del ambiente; y que facilite, co-financie y oriente la acción de los organismos no oficiales. En este sentido, en la República Dominicana se había establecido por decreto el Instituto de Protección Ambiental (INPRA), cuyo objetivo principal fue la creación de una Secretaría de Estado del Medio Ambiente y la promoción de una Ley General de Protección Ambiental y de Recursos Naturales. (Hace unos años que dicha ley fue promulgada – 18 de Agosto del año 2000- y creada la Secretaría de Estado, ahora Ministerio correspondiente, en la República Dominicana).

Los mayores retos que tiene ahora este Ministerio de Estado de Medio Ambiente y Recursos Naturales y otros organismos similares de otros países hermanos, son, entre otros: NO constituir el referido Ministerio como un supra-organismo con poderes omnímodos para conceder, cancelar o renovar permisos para depredar los recursos naturales y para promover o poner trabas a técnicos independientes y promotores en base a la volición de sus funcionarios (es vez de causas racionales), pués esto facilitaría el amiguismo o la corrupción, NO usurpar las funciones judiciales al querer imponer y cobrar multas por reales o supuestas violaciones o delitos ecológicos (no puede ser acusador, juez, parte y cobrador al mismo tiempo), NO transformarse en una institución "huacal" que sirva para aumentar irracionalmente la nómina de empleados públicos o albergar solo a los simpatizantes del partido político que esté en el gobierno de la nación en un momento determinado.

Además, procurar enmarcar sus actuaciones dentro de los límites que le conceda la Constitución y las otras leyes de la nación; y no dejar el uso de los recursos naturales potencialmente renovables al azar, a la situación del momento, al dictamen de las potencias económicas mundiales o a las conveniencias individuales del clan político en el poder; sino regular su utilización mediante instrumentos científicos de gestión e investigación ambiental, aplicados de forma independiente por profesionales nacionales capacitados, tales como las técnicas de desarrollo industrial ambientalmente sustentable, la evaluación de impactos ambientales, la evaluación rápida de la contaminación ambiental, las auditorias de reducción de desechos, el análisis del ciclo de vida de los productos, la aplicación del Índice de Calidad del, el método de desarrollo municipal ecológicamente sostenible, la implementación del Índice de Contaminación Hídrica (GHeN), las auditorias de cumplimiento de normas ambientales y otros.

Las deficiencias que todavía se advierten en el aspecto institucional están íntimamente ligadas al orden jurídico. Lo que hasta ahora existió fue (y todavía existe en algunos países en desarrollo) una serie de mini-leyes, una multiplicidad de normas que generaron conflictos, solapamiento de funciones y funcionarios, que teóricamente se tratan de agrupar y organizar en torno a una sola institución sin que se hayan obtenido los más importantes objetivos.
El desarrollo económico de nuestros países se ha fundamentado en la explotación, hasta el abuso, de nuestros recursos naturales renovables y NO renovables. Aunque éste énfasis se ha reducido, ya sea por la degradación o por el agotamiento de esos tesoros naturales, incrementándose la economía de turismo, zonas francas y servicios.

No obstante, los recursos naturales seguirán siendo fundamentos para el desarrollo; pero ahora habrá que utilizarlos racionalmente o dicho desarrollo será efímero o no sustentable y por lo tanto NO SERA DESARROLL0, considerando que desarrollo sostenible es casi una redundancia, pues no puede llamarse "desarrollo" al conjunto de actividades que tiendan a la destrucción de la materia prima de la que se abastece.

Ante la inexistencia de normativas y otras carencias ambientales mencionadas en párrafos anteriores, en algunos países nos enfrentamos a una serie de retos que debemos solucionar, si queremos mantener un desarrollo verdadero. Estos son muy bien enunciados por la Comisión Nacional del Medio Ambiente de Chile, en su documento "UNA POLITICA AMBIENTAL PARA EL DESARROLLO SUSTENTABLE" por los que nos permitimos transcribirlas a continuación:

"...el desarrollo económico... ha significado, durante décadas, la acumulación de un pasivo ambiental, cuyas expresiones principales son las siguientes:

". Contaminación atmosférica asociada a las áreas urbanas, a la industria, a la minería y a la generación eléctrica. En muchas localidades, las emisiones y las concentraciones ambientales de material particulado, óxidos de nitrógeno y de azufre, monóxido de carbono, hidrocarburos y contaminantes peligrosos, como el plomo y el arsénico, superan la normativa nacional o las recomendaciones internacionales con un alto costo y riesgo para la salud de la población.

". Altos índices de contaminación hídrica, por la disposición sin tratamiento de residuos líquidos domiciliarios e industriales. Lo anterior ha afectado significativamente a los cursos de agua, como ríos, lagos y borde costero, así como ha generado contaminación de aguas subterráneas.

". Inadecuado manejo del crecimiento urbano y sus principales derivados, entre los cuales destacan los altos índices de contaminación, la escasez de espacios de contacto con la naturaleza, áreas verdes, de esparcimiento y recreacionales.

". Inadecuado manejo y disposición de residuos sólidos, domésticos e industriales, particularmente los peligrosos, lo que hace de este tema uno de los desafíos principales de la gestión ambiental.

". Erosión y degradación de suelos, por la aplicación de técnicas silvo-agropecuarias deficientes, crecimiento urbano y manejo inadecuado de residuos sólidos. En Chile, los procesos de degradación del recurso suelo han actuado durante siglos, en particular sobre la disponibilidad de suelo agrícola productivo y las cuencas hidrográficas.

". Amenazas al bosque nativo por sobreexplotación y carencia de medidas adecuadas de protección. El crecimiento sin consideraciones ambientales de la actividad forestal, la extracción de leña y la fabricación de carbón amenazan la sustentabilidad del recurso y la diversidad biológica.

".Pérdida de recursos hidro-biológicos e hidro-ecológicos. Debido a procesos de explotación excesiva de determinadas especies se han producido situaciones de agotamiento de la biomasa.

". Deficiente gestión de sustancias químicas peligrosas. Su uso creciente, sin la existencia de medidas integrales para prevenir la contaminación, hace que los riesgos para la salud humana y las emergencias ambientales puedan presentarse en forma catastrófica" (fin).

A lo anterior agregamos situaciones que nos vienen de décadas pasadas:

La degradación del medio ambiente y el empobrecimiento de los recursos son la otra cara de la mundialización (o globalización). Estos fenómenos amenazan a la seguridad humana (ya) que no tienen fronteras.

"Frente a ese peligro, los antiguos enfoques no bastan...sin embargo...tenemos las mejores razones del mundo para encontrar buenas soluciones: el porvenir de nuestros hijos y nietos". (Conclusiones del Dr. Pierre Giroux; jefe de la Misión, de la Embajada de Canadá, en su exposición: "El Papel del

Desarrollo Sostenible en la Política Extranjera del Canadá", recogida en el libro "Ecoturismo y Desarrollo Sostenible", Serulle, 1999)

Todas estas manifestaciones de la presión que ha planteado el supuesto desarrollo socio-económico de la población tienen comprometido muy fuertemente, tanto a nivel local como global, la posibilidad de recuperación y preservación oportuna de la calidad, y en las cantidades adecuadas, de los tres recursos naturales renovables básicos: el aire, el agua y los suelos.

Por esta causa nuestros gobiernos se han comprometido con la aplicación de una serie de normas ambientales internacionales; tales como:

Convenio de Basilea, sobre el movimiento trans-fronterizo de materiales y desechos peligrosos.

Convención de Lucha contra la Desertificación.

RAMSAR, sobre la protección de los humedales.

Convención sobre la Diversidad Biológica.

Convención de las Naciones Unidas sobre el Cambio Climático.

Convenio de Viena, sobre la capa de Ozono.

Programa de Trabajo Agenda 21.

CITES, sobre comercialización de las especies protegidas.

Protocolo de Montreal, sobre sustancias agotadoras de la capa de ozono.

Lamentablemente la mayoría de las disposiciones y compromisos solo se han cumplido en el papel, pero en el futuro inmediato deberán ponerse en práctica; sea por la presión social para la conservación e incremento de la calidad de vida de los ciudadanos o por el choque irremediable con la realidad:

Los recursos naturales seguirán siendo fundamentos para el desarrollo, pero ahora habrá que utilizarlos racionalmente o dicho desarrollo será efímero o no sustentable; y por lo tanto NO SERA DESARROLL0, pues no puede llamarse "desarrollo" al conjunto de actividades que tiendan a la destrucción o degradación de la materia prima de la que se abastece.

Causas directas e indirectas

Las causas directas de esa destrucción y degradación de la calidad y cantidad de los recursos naturales, han sido y son hoy: la contaminación del aire por la expulsión de residuos gaseosos, el vertido indiscriminado de residuos industriales líquidos o riles, las aguas negras municipales sin ningún tratamiento, el uso indiscriminado de pesticidas y abonos químicos, los residuos agropecuarios líquidos y sólidos; además de los procesos de erosión como consecuencia de la deforestación de las cuencas hidrográficas; los efectos de los lixiviados de la basura incontrolada y la infiltración y derrames de derivados del petróleo. También la extracción irracional de agregados de ríos, para la construcción y el incremento irresponsable o ignorante de la población a una tasa muy superior a la de mortalidad.

las causas indirectas han sido y son: el afán desmedido de lucro, la implementación de sistemas agrícolas irracionales, el consumo desmedido en general, la distribución inadecuada del bienestar social, los procesos de desertificación y salinización de los suelos, las catástrofes artificiales o naturales, los incendios forestales, los periodos de sequia, la ausencia de una economía social de mercado, la falta de "voluntad política de los políticos que nos gastamos" y la incapacidad de los dirigentes, hasta la fecha, para aunar voluntades y fortalezas para combatir el flagelo del nuevo milenio: el desarrollo irreal insostenible.

MODULO 3: ACCIONES QUE POSIBILITAN EL D. S.

La Tierra brinda lo suficiente para satisfacer las necesidades de todos, pero no la codicia de todos.

-Mahatma Ghandhi-

información@grupoghen.com

Como hemos afirmado, el desarrollo no sostenible es efímero y por lo tanto no es DESARROLLO. Para que sea verdadero se requiere de un criterio de sustentabilidad, lo cual solo es factible cuando se verifican una serie de acciones que lo posibiliten. NO adquiere el carácter de sostenible porque se exprese o se diga que lo es, sino por las acciones referidas y por sus resultados.

A continuación vamos a tratar de explicar brevemente cuáles son las acciones que han dado resultado para impulsar el Desarrollo Sostenible en algunos paises del mundo, obviando aquellas que han sido estrategias fracasadas. Esperamos que nos sirvan para "escarmentar en cabeza ajena" y que nos permitan avanzar más directamente hacia el verdadero desarrollo.

EN EL AREA INDUSTRIAL Y COMERCIAL:

Antes se decía que los factores de la producción y el desarrollo productivo eran el capital y el trabajo. Hoy nos hemos dado cuenta que son el Capital, el Trabajo y Ambiente. Ello implica que es necesario adoptar una política y teoría de la producción y comercio, fundamentada en principios que tomen en cuenta esta realidad. A nuestro entender esos principios son:

El Principio de Descentralización; según el cual las decisiones de la producción se toman o deciden por cada uno de los sujetos económicos según sus experiencias, creencias, oportunidades y riesgos. Por ejemplo si el dueño de un recurso o "materia prima" lo valora excesivamente, el productor está en libertad de adquirirlo para su transformación en producto terminado o semi-elaborado, o buscar otro suplidor. De igual modo el trabajador puede solicitar un sueldo excesivo y el productor podrá rescindir su contrato (pagándole las prestaciones correspondientes) y buscar otro empleado; o aceptar su solicitud.

Supongamos que el productor acepta las dos imposiciones que hemos catalogado de excesivas, esa determinación será a su cuenta, experiencia, oportunidad y riesgo, respecto a que el costo del producto, luego de agregado el beneficio, resulte atractivo para el consumidor final cuando se entere de su precio de venta. Así los deseos del suplidor de la materia prima, del productor, del obrero y del consumidor final se controlan descentralizadamente, sin que el Estado tenga que inmiscuirse en ese proceso más allá de lo razonable.

El Principio de la Coordinación. La coordinación de las operaciones económicas se produce por la interacción de los sujetos económicos en base al conjunto de precios aceptables de mercado y a la magnitud de la competencia, por lo que deberá evitarse la monopolización de actividades comerciales. Según este principio hasta el número de intermediarios y la calidad de los productos es coordinado por la dualidad económica: Precios + Competencia.

El Principio del Estado Facilitador. El Estado es la expresión de la limitación voluntaria de la libertad que cualquier hombre es capaz de aceptar, siempre que obtenga a cambio un ordenamiento de sus relaciones interpersonales, paz para el disfrute de su ocio y derechos individuales claramente establecidos y cumplidos, que se convierten en deberes, donde comienzan los derechos de los demás. La intervención del Estado en los procesos económicos deberá ser la mínima posible, no para imponer precios y mucho menos para establecer privilegios; más bien para uniformizar y facilitar el mercado. Sin embargo, deberá intervenir con fortaleza para evitar la especulación, para prevenir el monopolio u oligopolio, para frenar los booms económicos, tanto como las depresiones, siempre de acuerdo con la Constitución, las leyes de la nación y del mercado. Además para facilitar una mejor distribución del bienestar social, cumpliendo con sus funciones esenciales: cobrar los impuestos, ayudar en la construcción de las mejores leyes y velar por su cumplimiento, gastar lo mínimo posible en su burocracia, devolver un porcentaje máximo en programas sociales y velar por la integridad de la nacionalidad, previniendo el futuro de la patria en sus aspectos intelecto-educativo, bío-ecológico y psico-espiritual.

El Principio del Mercado Ambiental. La calidad y cantidad de los recursos del ambiente debe tener un precio de mercado, pués al ser considerados como "bienes públicos" se tratan como si no tuvieran dueños. La degradación de los recursos agua, aire y suelos es consecuencia secundaria de los procesos de producción y consumo de bienes. Su preservación es socialmente deseable a corto y mediano plazo y económicamente imprescindible a largo plazo, ya que la estabilidad y paz social que requiere la economía dependerá del bienestar y calidad de vida de la mayoría que son las clases medias y bajas.

En consecuencia se requiere que el medio ambiente tenga valor de mercado. Los recursos naturales son una gran riqueza, pues sin ellos o con su calidad degradada hasta niveles irrecuperables la vida sobre el único planeta que tenemos disponible, a la fecha, sería imposible o terrible. (Ver capitulo "Ambiente y Economía Social de Mercado", del Libro Contaminación Ambiental en la República Dominicana, Ediciones GHeN, distribuye Librería La Trinitaria)

Otras acciones comprobadas en esta importante área estratégica para lograr el desarrollo sostenible, son:

Desarrollo de estrategias nacionales de negociación claras y firmes, con relación al respeto que exigimos para nuestros recursos naturales en cualquier proceso de capitalización de empresas estatales o privadas (creemos que la Sociedad no puede darse el lujo de continuar subvencionando empresas estatales que nunca han sido , ni serán rentables; debido al bulto de prebendas, al antro de corrupción, al refugio de incapacitados y al barril sin fondo que en la mayoría de los casos han significado; sin embargo los procesos de capitalización no pueden realizarse sin transparencia, ni en perjuicio de la mayoría del pueblo, pues generaría presiones sociales incontrolables).

En la ejecución de proyectos internacionales de inversión en nuestros países, deben establecerse mecanismos consultivos de carácter regional y local acerca de la implementación de evaluaciones de impactos ambientales.

Además de las evaluaciones deben implementarse otros instrumentos de gestión ambiental; y sus procedimientos de validación social, fundados en el estudio de la libre-opinión no censurada, en la definición de las políticas comerciales adecuadas para cada nación, en las normativas de emisión de contaminantes, en el movimiento racional de procesos y desechos "sucios" y en la creación de un estamento regional para la defensa y solución de disputas inter-regionales.

Dar continuidad a los esfuerzos para lograr el desarrollo de un régimen de comercio e inversión libre, enriqueciendo ese desarrollo con propuestas y acciones agresivas que sirvan para preservar los recursos del ambiente de depredaciones o decrementos de su calidad y teniendo como objetivos una mejor distribución del bienestar y la disminución real de la pobreza.

Proporcionar "reglas de juego" claras a los inversionistas; para lograr que estos puedan hacer sus cálculos económicos a largo plazo, conociendo las normas de protección de recursos naturales y así puedan contribuir a niveles transparentes con el desarrollo sostenible en el país donde operan. También se deberá promover políticas macroeconómicas, disciplina fiscal y monetaria estables y racionales, además de prácticas bancarias para aceptar como garantía, áreas privadas de vocación forestal, a personas que estén en disposición de hacer una explotación racional de estas, dotándolos con certificados de explotación parcial, renovables automáticamente y heredables durante 7 ciclos de reforestación (explotación máxima de 67% de las plantas desarrolladas en la superficie reforestada en cada ciclo, por ejemplo).

EN EL AREA DE LA ENERGIA

. Eficientizar la planificación, producción, transmisión y uso de la energía eléctrica, a fin de procurar ganancias a partir de la eficiencia y logrando producir cada unidad de producto nacional bruto a menor costo y con menos unidades energéticas. Esto debe hacerse siempre de acuerdo con el nivel de desarrollo y de conformidad con las situaciones energéticas particulares de cada país en cuestión, evitando las soluciones enlatadas, ya que lo que da buenos resultados en uno, no es necesariamente bueno para todos.

. Adoptar cuantas medidas sean necesarias para promover y auspiciar la investigación, experimentación, y uso de fuentes de energía no convencionales y/o renovables; como la energía solar, la eólica, térmica subterránea, la de las olas del mar, la de las mareas, la energía hidráulica, la originada en la descomposición anaeróbica de desechos orgánicos de la basura (que es una materia prima insuficientemente estudiada).

. Eliminar los subsidios generalizados a la producción, distribución y uso de la energía, para evitar los despilfarros energéticos y la premiación de la ineficiencia sobre todo en oficinas y empresas gubernamentales y en las zonas donde viven las clases sociales más desposeídas y generalmente inconscientes de los beneficios del ahorro.

. Aumentar de manera sustancial el acceso a los servicios energéticos convencionales o renovables y promover una cultura de uso-pago según el nivel de posibilidad económica , de las zonas donde residen comunidades rurales y barrios marginados. Además, fomentar la participación comunitaria en la implementación y financiamiento de esos servicios de energía apropiados y eficientes.

. Adoptar instrumentos de gestión y políticas ambientales, tales como mecanismos de mercado, incentivos iniciales, programas de voluntariado, uniones entre sectores público y privado, normas, etc.; que sirvan para prevenir, mitigar o remediar los efectos negativos e impactos producidos por emanaciones y vertimientos de desechos originados por los procesos de producción, transformación, transportación y utilización de los recursos energéticos.

EN EL AREA DE MANEJO DEL AMBIENTE

. Adoptar un manejo racional de los recursos forestales, a fin de detener y revertir el proceso inexorable (hasta el día de hoy) de los procesos de deforestación, usando para ello plantas endémicas de cada país o región; y establecer un programa de largo plazo en el que la tasa de reforestación sea por lo menos un 7% superior a la de deforestación.

Sugerimos un programa basado en el incentivo del manejo sostenible con aprovechamiento comercial (al 67% por ejemplo) de nuevas áreas reforestadas privadamente; o a la reforestación mixta: 50% frutales + 50% forestales, con certificado de corte del 90% de los árboles maderables y explotación del 100% de la producción de los frutales, en marco de siembra máximo 5 Metros X 5 Metros (U otros programas de reforestación de mayor alcance que el programa "Quisqueya Verde" en República Dominicana, donde a causa del elitismo con que se maneja, de lo poco innovador que es, y de exclusiones promovidas por los que dirigen dicho programa -los cuales nunca han hecho un llamado formar para la integración de TODOS los sectores, instituciones, personas, comunidades, etc. interesadas en colaborar- ha sido un éxito pírrico en la realidad).

. Preservar la Bio-diversidad. Considerando que la diversidad genética, en cuanto a flora y fauna, es un recurso abundante en América Latina, el Caribe y Centro-América, pero escaso en el mundo; esta región del planeta es, cada vez, más importante para la conservación de la especie humana y para su sobre-vivencia, tanto por el valor intrínseco de dicha diversidad, como por su uso en aplicaciones agrícolas y farmacéuticas. Sin ella se torna prácticamente imposible la conservación de la vida humana sobre La Tierra. Sin embargo esos abundantes recursos genéticos son una riqueza que la naturaleza ha puesto en nuestras manos para su cuidado y explotación racional (a una tasa igual o menor que la tasa de regeneración), y esto debemos entenderlo claramente, para evitar que Estados más desarrollados que nosotros pero con escasa diversidad genética vengan y nos lo quiten (léase roben) impunemente, ante nuestra propia ignorancia o ante el entreguismo de una clase de políticos que desgraciadamente nos hemos dado, con pocas excepciones.

Por eso es importante demandar que los gobiernos de la región (no solo los poderes ejecutivos respectivos, sino y sobre todo, legisladores y autoridades judiciales) establezcan los instrumentos de gestión jurídica adecuados y las reglamentaciones pertinentes, para su protección y comercialización.

Además, es su deber histórico reconocer que es por esto que organismos internacionales al servicio de las grandes potencias están dispuestos a endeudarnos hasta niveles impagables, y lo que ha hecho posible que esos mismos organismos ejercieran una débil supervisión de los objetivos de los préstamos, contrario a toda norma comercial, permitiendo que la mayor parte de los recursos económicos que nos han concedido, fueran a parar a los bolsillos de muchos políticos que antes pedían colillas de cigarrillos y hoy, sin haberse sacado la lotería, son grandes potentados.

Otras de las acciones que posibilitan el Verdadero Desarrollo o Desarrollo Sostenible, refiriéndonos al área ambiental, son los instrumentos de gestión ambiental que tienen que ver con la prevención, mitigación y control de la contaminación del ambiente y su aplicación; tales como los siguientes:

. La Auditoria de Cumplimiento de Normas Ambientales, que es un método que evalúa hasta qué nivel, las instituciones, industrias, núcleos poblacionales, etc. están cumpliendo con las normas ambientales vigentes a fin de distinguir entre un núcleo que no sabe o no le importa cumplir con tales reglas, otro que cumple con ellas casi en todos los sentidos y por lo cual no debe ser penalizado de ningún modo y otros que con una inversión, quizás de bajo monto, se adapte a ellas en un plazo racional.

. La Evaluación Rápida de la Contaminación Ambiental, que es una técnica desarrollada por la OMS/OPS para determinar los niveles estimados de contaminación que produce (o producirá) una actividad industrial, comunitaria, agrícola, pecuaria y de otras índoles; y que puede aplicarse antes, durante o después de la puesta en servicio, ya que ella será una variable dependiente de los volúmenes o unidades de producción de desechos, a partir de casos histórica y/o estadísticamente estudiados en todo el mundo.

. El Análisis del Ciclo de Vida del Producto ("De la cuna a la sepultura") para encontrar los medios de reducir al mínimo los micro-impactos ambientales negativos, en todas y cada una de las fases de la vida de un producto; comenzando con la adquisición de insumos o materia prima y terminando con los desechos que genera o que deja el producto al ser consumido.

. La Evaluación de Impacto Ambiental, que sirve para establecer los posibles efectos adversos para el medio ambiente y sus recursos, causados por la instalación de una nueva planta industrial, turística, agropecuaria, comunitaria, etc., o por la modificación importante de una instalación existente; además sirve para ayudar a descubrir oportunidades de mitigación, reducción o control de esos impactos.

. El Índice de Contaminación Hídrica (ICHs), que es un instrumento desarrollado por el Grupo Hidro-ecológico Nacional, Inc., que nos permite determinar un valor único, que representa el grado de contaminación que se verifica sobre un recurso hídrico, por efecto de una actividad colectiva o industrial y su variación con respecto al tiempo, en base a una serie finita de parámetros físicos, químicos y bacteriológicos medidos en el medio de dilución de los contaminantes (cañada, rio o arroyo). En consecuencia el ICHs es un indicador de la efectividad del proceso de tratamiento que se emplea en cada caso determinado y un instrumento para ayudar a minimizar la contaminación, en un período específico de tiempo.

. La Auditoria de Reducción de Desechos, cuyo objetivo es establecer una ecuación de equilibrio entre los insumos empleados para producir, y los productos terminados, usando un sistema de unidades compatibles; e identificar las oportunidades existentes, financieramente atractivas, para promover la reducción de energía y desperdicios, por re-uso, reciclaje, reducción, o recuperación; minimizando las inversiones en mecanismos de tratamiento de residuales al final del proceso.

. El mejoramiento de los sistemas de tratamiento de aguas y aguas residuales, mediante el calculo de su eficiencia, para verificar el nivel de funcionamiento de los procesos y sus debilidades; para determinar las acciones que se deben tomar en pos de mejorar y fortalecer la calidad de sus efluentes, a fin de que cumplan con las normativas nacionales y globales que tienden a controlar la contaminación de los recursos donde son vertidos los efluentes y a la conservación de la salud de la población, al ingerir el agua potabilizada.

Lo racional es que las medidas "al final del tubo" (es decir luego de originada la contaminación) sean aplicadas solo cuando se hayan agotado los instrumentos de prevención correspondientes y no "de primera intención", pués en este caso no se estaría dando a los generadores de contaminación, la oportunidad de minimización de la misma al menor costo posible; además no habría seguridad de que el tratamiento "al final del tubo" funcionaría adecuadamente y sería muy difícil de justificar económicamente, la inversión, por falta de análisis macro y micro económicos razonables.

También deberán aplicarse otras acciones posibilitadoras del Desarrollo Sostenible, en áreas que serán objeto de otro de nuestros trabajos, pero que no queremos dejar de mencionar a continuación:

- En el área de políticas de población, disminución y erradicación de la pobreza
- En el área de Educación, Ciencias Puras, Ciencias Aplicadas y Tecnología
- En el área de la reforma del Estado, en sus aspectos institucional y jurídico-normativo.
- En el área de la Salud e higiene institucional y de la vivienda.
- En el área de desarrollo de la agricultura lógica y de la explotación de la ganadería funcional.
- En el área del desarrollo de ciudades y comunidades rurales ecológicamente sostenibles.
- En el área de conservación, mejoramiento o recuperación de las zonas costeras y estuarios.
- En el área del financiamiento racionalizado de las acciones enumeradas.

Más informaciones sobre el Grupo GHeN.

WEB : www.grupoghen.com
Email: informacion@grupoghen.com

Otros enlaces recomendados:
http://www.ambiente-ecologico.com/
http://www.ambiente-ecologico.com/revist57/hidro57a.htm

MODULO 4: APORTES DE LA COMUNIDAD Y DEL ESTADO EN EL PROCESO DE DESARROLLO SOSTENIBLE.

... el crecimiento macro-económico, los avances fiscales y la baja inflación no son los únicos indicadores que determinan el desarrollo sostenido de un pueblo, ni el bienestar de sus ciudadanos.

-José A. León Asensio-
Presidente del Grupo E. León Jiménez

Desde la primera parte de este trabajo hemos estado afirmando que el Desarrollo requiere de una concertación de voluntades y responsabilidades compartidas, impuestas por la educación, la concientización y en última instancia por leyes y reglamentos transparentes, aplicados sin distinción al Estado y a los comunitarios; a fin de que sea un proceso sustentable de mejoramiento de la gestión social, económica y ambiental. En consecuencia, necesita de compromisos o aportes individuales, estatales y colectivos, es decir de todos los sectores de la Sociedad, sin exceptuar a ninguno, para que sea sostenible.

APORTES DEL ESTADO

Los aportes del Estado al proceso de D.S. de cada nación son indispensables, en consideración de que es la entidad colegiada con mayor poder político, depositaria de las voluntades ciudadanas y recaudadora-administradoras de los bienes comunes.

Estos deben enmarcarse básicamente en la prevención y solución de problemas de índole eco-socio-económica para, sin dañar la calidad y cantidad de los recursos renovables, proporcionar iguales oportunidades para el fortalecimiento de los recursos humanos, al satisfacer sus necesidades básicas, mediante la propia co-participación de la comunidad que representan, conforme con su capacidad de decisión para ejercer sus deberes y derechos. Algunos de los aportes más importantes son los siguientes:

Preservación de la Biodiversidad. Considerando que la diversidad genética, en cuanto a flora y fauna, es un recurso abundante en América Latina, el Caribe y Centro-América, pero escaso en el mundo; esta región del planeta es, cada vez, más importante para la conservación de la especie humana y para su sobre-vivencia, tanto por el valor intrínseco de dicha diversidad, como por su uso en aplicaciones agrícolas y farmacéuticas. Sin ella se torna prácticamente imposible la conservación de la vida humana sobre La Tierra.

Sin embargo esos abundantes recursos genéticos no son patrimonio universal, sino patrimonio nuestro.

Son una riqueza que la naturaleza ha puesto en nuestras manos para su cuidado y explotación racional (a una tasa igual o menor que la tasa de regeneración), y esto debemos entenderlo claramente, para evitar que Estados más desarrollados que nosotros pero con escasa diversidad genética, vengan y nos lo quiten impunemente, como oro indígena (léase robo), ante nuestra propia ignorancia o ante el entreguismo de una clase de políticos que desgraciadamente nos hemos dado, con pocas excepciones.

Por eso es importante demandar que los gobiernos de la región (no solo los poderes ejecutivos respectivos, sino y sobre todo, legisladores y autoridades judiciales) establezcan los instrumentos de gestión jurídica adecuados y las reglamentaciones pertinentes, para su protección y comercialización.

Es su deber histórico reconocer que es, en parte, por esto que organismos internacionales al servicio de las grandes potencias están dispuestos a endeudarnos hasta niveles impagables, y lo que ha hecho posible que esos mismos organismos ejercieran una débil supervisión de los objetivos de los préstamos, contrario a toda norma comercial, permitiendo que la mayor parte de los recursos económicos que nos han concedido comprometieran y fueran a parar a los bolsillos de muchos políticos que "antes estaban en la inopia, y hoy; sin haberse sacado la lotería, son grandes potentados".

No estamos pregonando la adopción de una postura política, sino de una realidad que si no es asumida seriamente por los que damos al César lo que es del César (pagando impuestos), se constituirá en una pena y vergüenza para nuestros descendientes, que con lágrimas (en un ambiente hostil contaminado y sin los recursos genéticos para enfrentarlo) tendrán que seguir pagando una deuda externa...eternamente...hasta la enésima generación.

Agua de calidad y en cantidades adecuadas. El agua potable para uso industrial y doméstico existe deficitariamente en oportunidad, calidad y cantidad.

Esto es así por la existencia de fuertes presiones y usos irracionales a los recursos hídricos, que constituyen graves amenazas tanto por parte de los sectores pobres, como de los de altos consumos del líquido.

En casi todos nuestros países son necesarias las inversiones en sistemas de tratamiento o potabilización del agua y acueductos, en plantas de tratamiento de residuales líquidos, en drenajes pluviales y de desechos agropecuarios, en presas o embalses de regulación, en disminución de perdidas en tuberías de agua, en perforación de pozos, en eliminación de filtrantes para aguas negras sin tratamiento.

Además se requieren inversiones en planes para el financiamiento de la construcción de sépticos y plantas de tratamiento en ciudades y/o urbanizaciones existentes, en estudios de impactos a los recursos hídricos superficiales o subterráneos antes de cada obra de importancia, y en normalización de la contaminación hídrica y de vertidos de factura doméstica, turística, agropecuaria e industrial.

Educación. Los gobiernos de los países en vías de desarrollo deben adecuar su inversión en la educación para dar especial énfasis a la enseñanza técnica, con objetivo en el empleo, en función de los requerimientos de la organización productiva orientada al desarrollo económico, que es un factor innegable del Desarrollo Sostenible.

También deberían dar prioridad a las políticas educativas dirigidas a la población femenina, a fin de que puedan estas integrarse al proceso de desarrollo y como beneficio secundario se obtendría una disminución natural de la tasa de natalidad, pués esta demostrado que existe una proporción inversa entre el nivel educativo-ocupacional de las mujeres (en menor grado, en hombres) y su correspondiente disposición a cargarse de hijos; usando su presencia fundamental en centros de madres, organizaciones sociales, entidades de mujeres campesinas, talleres de costura, etc.

Además deberían desarrollar campañas masivas de educación comunitaria a través de los medios de comunicación radiales, escritos y televisivos, usados como instrumentos básicos para la socialización y la transmisión de conocimientos técnicos esenciales.

Atención de la Salud. En este aspecto es necesario descentralizar la asignación de recursos de las ciudades principales como es costumbre actual, para que estos lleguen no solo a los núcleos principales, que generalmente tienen mayores facilidades sanitarias y de salubridad, sino que trasciendan esas costumbres llegando a las comunidades más necesitadas, con menores ingresos, con mayores tasas de morbilidad y mortalidad. Esto no significa que se prive de atenciones en salud a las capitales y a los principales centros económicos, se trata de re-orientar la inversión sin prejuicios, ni perjuicios. También se debería conciliar la medicina tradicional, la enfermería rural y las "comadronas", con las prácticas de la medicina moderna, mediante la capacitación y asignación de recursos en tales áreas.

Otros aportes al Desarrollo Sostenible que debería ejecutar el Estado, que no queremos dejar de mencionar son:

-Mejoras en las Condiciones de la Vivienda.
-Mejoras Laborales.
-Desarrollo Rural y Urbano.
-Higiene y Saneamiento Ambiental.
-Optimización de la Inversión del Estado.
-Superación de Discriminaciones.
-Déficit de Energía Eléctrica.
Además:

-Adecuación de los Ministerios Ambientales para que sus orientaciones sean: (Por ejemplo, siguiendo el esquema de la

Ley No 19300, ley de bases del Medio Ambiente de Chile, en su artículo 68):

a) Proponer al Presidente de la República las políticas ambientales del gobierno;

b) Informar periódicamente al Presidente de la República sobre el cumplimiento y aplicación de la legislación vigente en materia ambiental;

c) Actuar como órgano de consulta, análisis, comunicación y coordinación en materias relacionadas con el medio ambiente;

d) Mantener un sistema nacional de información ambiental, desglosada regionalmente, de carácter público;

e) Administrar el sistema independiente de evaluación de impacto ambiental a nivel nacional, coordinar el proceso de generación de las normas de calidad ambiental y determinar los programas para su cumplimiento;

f) Colaborar con las autoridades competentes en la preparación, aprobación y desarrollo de programas de educación y difusión ambiental, orientados a la creación de una conciencia nacional sobre la protección del medio ambiente, la preservación de la naturaleza y la conservación del patrimonio ambiental, y a promover la participación ciudadana en estas materias;

g) Coordinar a los organismos competentes en materias vinculadas con el apoyo internacional a proyectos ambientales, y ser contraparte nacional en proyectos ambientales con financiamiento internacional

h) Financiar proyectos y actividades a ser ejecutados por organizaciones no gubernamentales, orientados a la protección del medio ambiente, la preservación de la naturaleza y la conservación del patrimonio ambiental.

APORTES COMUNITARIOS

Generalmente, en nuestras naciones en desarrollo, el Estado está dirigido por un Presidente y Vicepresidente, varias decenas de Secretarios de Estado, decenas o cientos de Sub-secretarios de Estado, Directores Generales, Legisladores, representantes del Poder Judicial, Síndicos, Regidores; y varios cientos de miles de Directores Departamentales y sus Subalternos. En resumen todos los Empleados Públicos deberían ser de 3% a 4% de la población, no más. Sin embargo, las comunidades que estos representan están constituidas (30:1) por varios millones. Por ejemplo: 210,147,000 en Brasil, 50,372,000 en Colombia, 44,939,000 en Argentina; y 10,266,000 en República Dominicana (donde el # de empleados públicos debe ser <415,000 y son más de 600,000)

Las entidades más llamadas a liderar los aportes comunitarios son los ayuntamientos o cabildos, quienes deberían elaborar y presentar en las instancias que sean necesarias, un programa estratégico de desarrollo municipal sostenible, si quisieran recuperar su prestigio público, sin embargo estos han perdido su influencia por extravío del objetivo comunitario a causa de la preeminencia de objetivos de grupos políticos. Por ejemplo "se ha comprendido que sin una intervención directa de los gobiernos locales es imposible desarrollar el Ecoturismo" (Dr. José Serulle Ramia-"Ecoturismo y Desarrollo"-Capítulo 2, pág. 6). En el libro "Pobreza y Medio Ambiente en América Latina", publicado por la Fundación Conrad Adenauer, compilación de Ernst R. Hajek, se señalan claramente los Campos de Acción Comunal de lo que extractamos lo siguiente:

"Los ámbitos de gestión municipal, han estado históricamente muy bien definidos, sin embargo por falta de interés genuino en el municipio, por acciones politiqueras y por la tendencia al menor esfuerzo, los ayuntamientos y las autoridades edilicias de nuestros países, con honrosas excepciones, han permitido que sus funciones le sean arrebatadas graciosa o compulsivamente por el ansia monopólica y centralizadora de los gobiernos de nuestras naciones (que apenas traspasan a la administración municipal cerca del 5-10% de los ingresos nacionales).

Así, obligaciones de los municipios tales como la recogida de la basura, el drenaje pluvial, la construcción de calles, contenes, imbornales y aceras, la disposición y mantenimiento de semáforos, talas de árboles en las vías públicas, ordenamiento del tránsito, usos urbanos, construcción y administración de acueductos, drenaje sanitario y cientos de atribuciones que según la ley pertenecen al ámbito municipal, hoy son ejercidas por los gobiernos centrales, mientras los ayuntamientos son "ollas de grillos" donde solo se cuecen asuntos politiqueros y se realizan funciones de segunda categoría".

"Las ideas en torno al futuro de las ciudades y de las regiones giraron desde siempre alrededor de un adecuado balance y por ende sostenible, entre superficies edificadas y no edificadas. Por eso en una primera instancia y además de las necesarias garantías de seguridad, desempeñaba un papel importante la cuestión climática. Cabe mencionar a modo de ejemplo, los terraplenes de defensa en La Mesopotamia, la estructura de los asentamientos egipcios como forma de protección contra la acción de los vientos y torbellinos, instrucciones detalladas del arquitecto romano Vitruvio respecto del diseño de estructuras urbanas que posibilitan una vida placentera y sana".

Una revisión de los actuales ámbitos de gestión a nivel municipal en relación al urbanismo revela la persistencia y actualidad de muchos temas referentes al desarrollo urbano, a lo largo de más de 4000 años.

Si nos limitamos al análisis de los últimos cincuenta años, llama la atención que las ideas básicas que hoy se promueven para obtener un desarrollo sostenible, en realidad han sido una característica constante de la gestión urbanística a lo largo de todo este período. Los nuevos impulsos derivados de la discusión internacional de la "Agenda 21" y sus consecuencias, por lo tanto pueden hacer uso de cimientos sólidos y dar vida y desarrollo a ideas preexistentes.

Una guía orientativa de la Confederación de Municipios Urbanos que fuera presentada en 1995, sobre el tema "Ciudades para un desarrollo sostenible, aportes para una Agenda 21 local" se inspira en las funciones que marca la ley, resalta la probidad de lo que ya fuera ensayado eficazmente y enumera como muy importantes los siguientes temas y ámbitos de gestión municipal:

1. Organización de la administración local
2. Medio ambiente y economía

3. Energía y protección del clima
4. Naturaleza y paisaje
5. Utilización de superficie y asignación de usos
6. Construcción y vivienda
7. Transporte
8. Gestión de residuos
9. Protección del suelo y sitios contaminados
10. Agua y efluentes líquidos
11. Pureza del aire
12. Ruidos
13. Estudios de impacto ambiental a nivel municipal
14. Sistemas de información medioambiental local
15. Compras y contrataciones
16. Financiamiento
17. Participación de los vecinos y relaciones públicas
18. Educación y formación ambiental
19. Medio ambiente y desarrollo (Desarrollo Municipal Ecológicamente Sostenible).

Ver: http://www.ambiente-ecologico.com/revist55/hidroe55.htm

Excepción hecha del punto 19, "medio ambiente y desarrollo", que apunta a una intensa cooperación con los municipios de los países en desarrollo, en la mayoría de los restantes campos de acción planteados, los municipios cuentan con abundante experiencia en el diagnóstico, la formulación y coordinación de los objetivos, así como las oportunidades de traducir los objetivos en acciones concretas. La guía orientativa demuestra en los capítulos: Inventario, Objetivos y posibilidades de acción, asignados a los diferentes ámbitos de gestión, que en general los municipios están familiarizados con la gama de tareas que se encuadran en un desarrollo sostenible urbano y se muestran predispuestos a subsanar falencias actuales encarando nuevos esfuerzos y métodos de trabajo.

Como ejemplo valga citar las consideraciones que se hacen sobre un plan de edificación maestro, así como la renovación ecológica de las ciudades.

Según estas consideraciones, las bases para una planificación edilicia que se sustenta en criterios ecológicos son:

- Edificación utilizando la menor superficie de terreno posible
- Estudio de impacto ambiental
- Edificios ejecutados con materiales no contaminantes (construcción ecológica)
- Conceptos de tránsito que consideran preservar el medio ambiente
- Vivienda y esparcimiento en proximidad del lugar de trabajo
- Tecnología adaptada a las condiciones locales, por ejemplo, plantas en la renovación ecológica de las ciudades, se privilegia:
- Preservación de los edificios y estructuras urbanas históricas, aprovechando todas las posibilidades de ahorro de energía
- Evitar el tránsito vehicular
- Crear espacios verdes
- Mejorar el entorno domiciliario
- Provisión de energía sin impacto ambiental." -Fin del extracto-

Tanto los gobernantes escogidos como Empleados Públicos por los gobernados, así como estos mismos, presionan sobre los recursos del ambiente a una tasa que desborda (por mucho) la acción del Estado. Por lo tanto, sin el concurso de las comunidades, las acciones estatales serán crónicamente deficitarias respecto a la conservación de las cantidades y calidades de los componentes ambientales renovables; y en consecuencia sin su apoyo y colaboración espontánea o compulsiva, cualquier intento de desarrollo estará destinado al fracaso.

Las acciones, programas y esfuerzos que pueden aportar las comunidades son muchos. Entre ellos destacamos que las comunidades deberían estudiar y ejecutar los siguientes:

-Respecto a la contaminación de la atmósfera;
-Respecto a la contaminación acústica;
-Respecto a la basura domiciliaria;
-Respecto a la contaminación hídrica;
-Respecto a los usos urbanos;
-Respecto a los usos de tierras agrícolas;
-Respecto a la calidad ambiental y déficit de servicios;
-Respecto a las Márgenes de los ríos e inundaciones;
-Respecto a la erosión, deforestación y manejo de bosques;
-Respecto a la degradación de los recursos turísticos;

-Respecto a residuos cloacales y drenaje pluvial;
-Otras consideraciones:

UN APORTE INDIVISIBLE: La Superación de la Pobreza.

Para que el desarrollo nacional o global sea sostenible, existe un escollo que hay que superar con aportes mancomunados: La Pobreza. Los conceptos de pobreza y degradación ambiental, están íntima y causalmente unidos desde dos puntos de vista. El primero es el aspecto directo y se refiere al comportamiento positivo o negativo que los pobres asumen ante los componentes del ambiente (agua, aire, suelos, bosques, subsuelo, mares, ríos, etc.). Si es positivo, el ambiente puede conservarse y hasta mejorar. Si es negativo, entonces los pobres contribuirán con la explotación irracional de los recursos ambientales, hasta su agotamiento.

El segundo aspecto es indirecto y se trata de la influencia que los componentes del ambiente ejercen sobre los pobres y la conservación o empeoramiento de su estado de pobreza. En este caso, el deterioro del ambiente por culpa de terceros (Ejemplo por desechos químicos industriales, deforestación, erosión, extracción indiscriminada de agregados en cuencas hidrográficas, etc.) afecta de manera negativa especialmente a las comunidades pobres, incrementando aún más el deterioro de su calidad de vida e impidiendo la superación del problema social que esto representa.

Por vía de consecuencia: Estamos ante un "círculo vicioso"; la pobreza es función del deterioro ambiental porque éste impide su superación y el deterioro ambiental es función de la pobreza porque ésta contribuye con la degradación de los recursos ecológicos, hasta niveles irrecuperables, por lo tanto, para que el DESARROLLO sea SOSTENIBLE deberemos superar la pobreza y al mismo tiempo, detener la contaminación irracional de los recursos naturales renovables, lo cual no puede hacer el Estado y la Comunidad independientemente, sino unidos.

No importa que aumente el Producto Interno Bruto, que se consigan grandes préstamos internacionales para proyectos no reproductivos, que los supermercados y las tiendas de electrodomésticos vendan más a la clases media y alta, o que más vehículos transiten por las calles contaminando el aire que respiramos, ni que "pensemos como ricos" como ha propuesto el Honorable Presidente de La República Dominicana; mientras no se elimine éste obstáculo, hasta niveles nimios (por ejemplo: población pobre + inadaptados<10%), no habrá Verdadero Desarrollo.

CONCLUSIÓN

En definitiva para lograr un Desarrollo Verdadero (Sostenible) es necesario que se verifique un trabajo mancomunado del Estado y de la Comunidad, o Sociedad por él representada.

Es difícil a veces encontrar el apoyo de las comunidades, porque estas se sienten frustradas al ver que las autoridades no asumen su papel; o lo asumen con el propósito de beneficiarse política y económicamente de su poder, de sus posiciones privilegiadas o de la concertación de préstamos internacionales. Esta situación lleva a las comunidades a plantearse algunas preguntas que quisieran ver respondidas (antes de dar su colaboración abierta y desinteresada) por las personas a quienes corresponda hacerlo, tales como los que ejercen los poderes ejecutivos de las naciones, los representantes de los congresos nacionales o legisladores y las autoridades del poder judicial:

> ¿Cómo súper-vigilan los países donantes y prestatarios, los recursos que entregan a organismos oficiales o no, para proyectos de saneamiento de los suelos, ríos, y el ambiente; a fin de velar para que su colaboración o inversión sirva realmente a los objetivos originales del proyecto?... Por ejemplo: ¿Dónde y cuántas tareas de tierra se rescataron con el Proyecto AGLIPO en República Dominicana?, que se ejecutaría en tres etapas (La primera se presupuestó originalmente en RD$1,000,000,000 y terminó costando RD$3,000,000,000) y luego se informó que continuaría la segunda etapa.

> ¿Qué responsabilidad moral y penal le corresponde a funcionarios, políticos y/o legisladores que endeudan a las

generaciones del presente, e incluso a nuestros nietos, con préstamos millonarios para proyectos en beneficio supuesto de nuestros ríos, la ecología y la calidad de vida de los ciudadanos, que luego no funcionan o lo hacen a medias?... Por ejemplo, en República Dominicana: ¿En cuáles ríos y a qué nivel se ha disminuido la contaminación? ¿Por qué antes de construir otro acueducto, lo cual no está mal, no nos empeñamos en disminuir hasta estándares adecuados, más del 30-40 % de pérdidas que teníamos en el de Santo Domingo al momento de escribir estas líneas?

> ¿Por qué las autoridades no emprenden un programa serio de colaboración horizontal no represivo, con las empresas que contaminan nuestros ríos y playas?, para demostrarles que es beneficioso para ellos, incluso económicamente, evitar la contaminación de las aguas,...Que ríos contaminados implican tratamientos costosos en los acueductos y que al final ellos mismos terminarán pagando más y más por estos tratamientos; para enseñarles que existen métodos para el desarrollo industrial y turístico ecológicamente sostenible, tales como La Auditoria de Cumplimiento de Normas Ambientales, la Evaluación Rápida de la Contaminación Ambiental, el Análisis del Ciclo de Vida del Producto, el Indice de Contaminación Hídrica, el Indice de Calidad del Agua, la Auditoría de Reducción de Desechos y otros; mediante los cuales pueden descubrir oportunidades para reducir gastos y en consecuencia obtener más beneficios económicos para ellos y sus empleados. ¿Por qué se prefiere la represión, que les asusta o les pone a la defensiva, cada vez que en los periódicos se denuncia que la contaminación de los ríos va en aumento? ¿Por qué se prefiere la traba susceptible de corrupción y cuyos resultados nunca han sido positivos, en vez de la colaboración sincera; excepto para los que se nieguen a colaborar?

Estas y otras inquietudes semejantes deberán ser resueltas, si el Estado desea obtener el apoyo sincero de individuos, asociaciones y colectividades

MODELO 5: EVALUACIÓN DEL NIVEL DE SOSTENIBILIDAD DEL DESARROLLO

...Plantas, océanos, montañas, ríos, atmósfera, fauna, climas, estaciones...

¡Cuánta armonía y variedad para que el Ser Humano desarrolle felizmente su existencia!

Eminencia Reverendísima
Nicolás de Jesús Cardenal López Rodríguez
Miembro Honorario del Grupo Hidro-ecológico Nacional, Inc.

Investigar si el proceso de desarrollo que se ha verificado en nuestro país, es sostenible o no, es una tarea realmente difícil. Sí se realiza en base a indicadores tangibles tales como los que usan para definir el índice de Desarrollo Humano (IDH) se corre el riesgo de obviar factores importantísimos de índole no expresable por un número, tales como las características del ambiente que rodea a la mayoría de las personas de las diferentes comunidades que conforman la nación y la calidad de la educación que recibe la mayoría de la población.

Además su expresión, (del IDH) toma en cuenta promedios muy groseros, como el Producto Interno Bruto, en una sociedad donde no existe una equitativa distribución del bienestar social; en la que el 25% más rico percibe el 67% de la riqueza generada por el desarrollo, mientras el 25% más pobre solo recibe el 8%. En tales condiciones es difícil concluir que un incremento del IDH equivale a que el desarrollo es o será sostenible.

Por otro lado, sí se realiza la investigación de forma exhaustiva, habría que considerar aspectos demasiado conflictivos y excesivamente subjetivos, como creencias religiosas, partidarismos políticos, concepciones filosóficas y creencias populares.

En consecuencia es prácticamente imposible obtener, a través de los referidos procedimientos, una información, de tal amplitud que nos permita calcular exactamente cuál es el grado o índice de sustentabilidad del desarrollo.
Porque; en el primer caso no se toma en consideración lo que siente en "carne propia" el sujeto por excelencia del desarrollo, que es el hombre, que supuestamente lo padece o lo disfruta, y en segundo caso el grado de subjetividad de los criterios

centrados en un pequeño grupo, o en una sola persona, impediría la obtención de resultados independientes.

Tomando en consideración esas limitaciones o deficiencias, y los factores que definen el concepto de Desarrollo sostenible (que son: desarrollo económico, distribución equitativa del bienestar social y un criterio de sostenibilidad) concluimos que para que el D.S. se verifique deberá existir realmente un incremento sostenible del índice del Desarrollo Humano, pero concomitantemente los sujetos del desarrollo (las personas) deben ser beneficiarios conscientes de los frutos del desarrollo observado; a través del incremento de su calidad de vida, del aumento de su poder adquisitivo de bienes y del mejoramiento palpable de su entorno o ambiente.

Para determinar la opinión consciente de las personas hemos desarrollado una encuesta, cuyo objetivo es la investigación de la sustentabilidad que se está verificando, según el propio sujeto del desarrollo, lo cual es crudamente objetivo. (Ver: "Los Plumíferos", artículo de Andrés L. Mateo publicado en el "Listín Diario", pág. 8A, del 24/11/99; donde afirma: "...Si, por ejemplo, la gente dice que la cosa está mala, el plumífero debe demostrar que se trata de una situación subjetiva. No importando la situación OBJETIVA en que el otro se encuentre...").

En esta investigación se han establecido 32 criterios que relacionan el desarrollo en el sentido más general, con los aspectos ambientales, humanos y económicos que interactúan con las personas y comunidades.

Esos criterios son los indicados a continuación:

A) EN SU RELACION CON EL AMBIENTE

.Protección   .Conservación
.Mejoramiento   .Relación armónica
.Uso eficiente de energía   .Regulación de cosechas
.Biodiversidad   .Explotación de recursos Naturales
.Deterioros   .Limitación de los   "   "
.Conocimientos   .Impactos ambientales; y
.Tecnologías de producción   .Acciones conservacionistas

B) EN SU RELACION CON EL HOMBRE

.Generaciones futuras   .Estándares de vida

.Externalidades
.Crecimiento poblacional
.Necesidades prioritarias
.Control de la contaminación del entorno

.Divulgación ambiental
.Beneficios a la población
.Vida Holgada; y

C) EN SU RELACION CON LO ECONOMICO

.Distribución equitativa
.Economía familiar
.Acumulación de riquezas
.Prioridad en inversiones
.Capital económico Vs Capital ambiental

.Mejoras a la mayoría
.Opulencia
.Créditos "ambientales"
.Planificación de inversiones; y

En base a estos criterios y siguiendo las recomendaciones del curso "Análisis de Sustentabilidad y Manejo Integrado de Recursos Naturales" del Eminente Profesor Hernán Contreras Manfredi, se redactó la siguiente encuesta, tratando siempre de contar con la objetividad de la cruda realidad en la que está inmerso el encuestado; la cual se aplicó (tomando en cuenta la estratificación académica -no económica- de la población) a 33 personas de nivel inferior al 8vo grado, a 40 personas estudiantes del bachillerato y a 25 profesionales.

GRUPO HIDRO-ECOLOGICO NACIONAL, INC.
INVESTIGACION DE SUSTENTABILIDAD DEL DESARROLLO
EN REPUBLICA DOMINICANA

ENCUESTA PARA FINES DE PRACTICA EDUCATIVA

Introducción: En nuestro país se ha verificado un innegable desarrollo económico. Con la presente encuesta queremos recabar su opinión respecto a la manera en que Ud. y la comunidad a la que pertenece se han beneficiado de ese DESARROLLO para que sea perdurable o sostenible. Favor de elegir en cada caso una sola respuesta, teniendo siempre presente que se refieren al proceso de DESARROLLO que usted experimenta.

A) En su relación con el ambiente:

1) ¿Se protege el ambiente?

JNFaña

información@grupoghen.com

a) Muchísimo   b) Mucho   c) Poco   d) Nada

2) ¿Se conservan la calidad del suelo, del agua y del aire?
a) Siempre   b) Regularmente c) A veces   d) Nunca

3) ¿Se mejora la calidad ambiental?
a) Mucho   b) Algo   c) Muy poco   d) Nada

4) ¿Se mantiene una relación armónica con la naturaleza?
a) Siempre   b) Regularmente   c) A veces   d) Nunca

5) ¿Se hace uso eficiente de la energía?
a) Siempre   b) Regularmente   c) A veces   d) Nunca

6) ¿Se regulan las cosechas?
a) Totalmente   b) Parcialmente   c) Poco   d) Nunca

7) ¿Se procura mantener la bio-diversidad?
a) Siempre   b) Regularmente   c) A veces   d) Nunca

8) ¿Se explotan racionalmente los recursos naturales?
a) Siempre   b) Regularmente   c) A veces   d) Nunca

9) ¿Se restringe el deterioro innecesario del ambiente?
a) Siempre   b) Regularmente   c) A veces   d) Nunca

10) ¿Se reconoce que los recursos son limitados y finitos?
a) Totalmente   b) Regularmente   c) Muy poco   d) Nada

11) ¿Se aplica el conocimiento existente sobre el ambiente?
a) Siempre   b) Regularmente   c) Poco   d) Nada

12) ¿Se realizan estudios de impacto ambiental antes de la ejecución de grandes proyectos?
a) Siempre   b) Regularmente   c) A veces   d) Nunca

13) ¿Se usan tecnologías de producción no degradantes del ambiente?
a) Siempre   b) Regularmente   c) A veces   d) Nunca

14) ¿Se coopera con acciones de mantenimiento y mejoramiento ambiental?
a) Totalmente   b) Parcialmente   c) Precaria   d) Muy Precaria

B) Respecto al hombre:

1) ¿Se da prioridad a la vida de generaciones futuras?
a) Siempre   b) Casi siempre   c) Casi nunca   d) Nunca
2) ¿Se mejoran los estándares de vida?

a) Siempre   b) Regularmente c) A veces   d) Nunca

3) ¿Se controlan daños a terceros?
   a) Totalmente   b) Regularmente c) Casi nunca   d) Nunca

4) ¿Los temas ecológicos son ampliamente divulgados?
   a) Totalmente   b) Casi siempre c) A veces   d) Nunca

5) ¿Se ha controlado el crecimiento poblacional sostenido?
   a) Sí   b) Mucho   c) Algo   d) Nada

6) ¿Las comunidades se benefician de los recursos explotados?
   a) Siempre   b) Mucho   c) Algo   d) Nada

7) ¿Se satisfacen las necesidades prioritarias de la gente?
   a) Sí   b) Regularmente c) A veces   d) Nunca

8) ¿Se vive más holgadamente ahora que hace ocho años?
   a) Sí   b) Muchas veces c) Pocas veces d) No

9) ¿Se siente que hay menos contaminación ambiental?
   a) Cierto   b) Parcialmente   c) Precario   d) Falso

C) Respecto a lo económico y social:

1) ¿Se distribuye equitativamente el bienestar producto del desarrollo económico?
   a) Sí   b) A veces   c) Poco   d) No

2) ¿Se ha mejorado la calidad de vida de la mayoría?
   a) Sí   b) A veces   c) Poco   d) No

3) ¿Se observa una economía familiar estable?
   a) Siempre b) regularmente c) A veces   d) Nunca

4) ¿Se han reducidos los estilos opulentos de vida?
   a) Sí   b) Mucho   c) Muy poco   d) Nada

5) ¿Se ha reducido la acumulación innecesaria de bienes?
   a) Sí   b) Mucho   c) Poco   d) No

6) ¿Se conceden créditos para reforestación de bosques?
   a) Sí   b) Muchos   c) pocos   d) Ninguno

7) ¿Se priorizan las inversiones sociales?
   a) Siempre b) Muchas veces c) A veces   d) Nunca

8) ¿Se planifica antes de invertir en obras públicas?
   a) Siempre b) Casi siempre c) Pocas veces d) Nunca

9) ¿Se reconoce que capital económico y ambiental tienen igual importancia?
   a) Sí   b) Muchas veces c) Poco   d) Nunca

Los resultados se esquematizan a continuación

INVESTIGACION DE SOSTENIBILIDAD DEL DESARROLLO EN RD

```
----------------------------------------- INTERVALOS DE VALORACION --------------------------------------------
```

EL CRITERIO SE CUMPLE TOTALMENTE	SE CUMPLE CON POCAS FALLAS	SE CUMPLE PARCIALMENTE	SE CUMPLE PRECARIAMENTE	NUNCA SE CUMPLE
Sustentabilidad ALTA	Sustentabilidad POSIBLE	Sustentabilidad MEDIOCRE	NO SUSTENTABLE	
100%	75%	50%	25%	0%

VALORACION-> 87.5%   62.5%   37.5%   12.5%
PROMEDIO (%)

CRITERIO   NUMERO DE RESPUESTAS OBTENIDAS EN LA ENCUESTA POR CADA CRITERIO
            SIEMPRE---NUNCA

CRITERIO	SIEMPRE			NUNCA
A1	2	1	70	25
A2	1	22	65	10
A3	10	43	41	4
A4	6	25	59	8
A5	2	10	64	22
A6	12	51	5	30
A7	9	27	29	33
A8	11	26	20	41
A9	3	4	62	29
A10	19	25	53	1
A11	4	33	50	11
A12	3	12	47	36
A13	17	14	40	27
A14	20	35	21	22
B1	2	15	70	11
B2	5	40	43	10
B3	1	23	58	16
B4	10	10	72	6
B5	7	6	68	17
B6	10	5	48	35
B7	0	3	40	55
B8	32	31	29	6
B9	19	20	11	48
C1	20	3	34	41
C2	12	10	40	36
C3	12	22	55	9
C4	21	19	21	37
C5	22	7	20	49
C6	18	12	23	45
C7	8	10	44	36
C8	20	23	33	22
C9	24	5	51	18
TOTALES				

```
        TOTALES
SUMATORIAS   362          592         1386          796      3136
Resp

VALOR* ->    316.75       370.00      519.75        99.5     1306
RELATIVO
```

* VR = VALOR RELATIVO = SUMATORIA X VALORACION PROMEDIO

OBSERVACION: SI TODAS LAS RESPUESTAS HUBIERAN SIDO POSITIVAS, ENTONCES LA SUMATORIA DE TODAS LAS RESPUESTA CORRESPONDIENTES A UNA ALTA SUSTENTABILIDAD SERÍA IGUAL AL NUMERO TOTAL DE RESPUESTAS (3136) Y EL MAYOR VALOR RELATIVO SERIA:

VRmáx = 3136 X 87.5% = 3136 X 0.875 = 2744

INTERPRETACION DE RESULTADOS

JNFaña

información@grupoghen.com

COMO: LA SUMATORIA DE LOS VALORES RELATIVOS DETECTADOS EN LA ENCUESTA, FUE 1306, EL INDICE DE SUSTENTABILIDAD REAL (IS) ES:

$$IS\ real = \frac{SUMATORIA\ DE\ VALORES\ RELATIVOS}{MAYOR\ VALOR\ RELATIVO\ POSIBLE} = \frac{1306}{2744} = 0.48$$

INTERPRETACION

El resultado obtenido conforme con esta metodología, nos indica que el proceso de desarrollo que se verifica en nuestro país no es todavía sustentable (está en el límite superior de la mediocridad, cerca del límite inferior de sustentabilidad posible). Considerando que realmente el Índice de Desarrollo Humano (IDH) ha aumentado en República Dominicana; para pasar de una sustentabilidad mediocre a una sustentabilidad posible, se requiere de mayores esfuerzos para mejorar los factores de sustentabilidad que hemos explicado en los párrafos anteriores de éste tema...

EVALUACION DEL SEGUNDO MODULO

DESARROLLO SOSTENIBLE

NOMBRE DEL PARTICIPANTE: ___

5) Contestar las siguientes preguntas:
a) ¿Cómo puede definirse el verdadero Desarrollo Sostenible?
b) ¿Por qué muchas personas creen que el Desarrollo Sostenible verdadero no es posible?

6) Explique brevemente las siguientes cuestiones:
a) ¿Por qué no es posible el desarrollo eterno?
b) ¿Por qué los beneficios del desarrollo debe distribuirse incluso entre los que no trabajan?
c) ¿Cómo se explica que el modelo econo-centrista tiende a "matar su gallina de huevos de oro"?
d) ¿Por qué si se ha verificado un notable desarrollo económico: incremento de los salarios mínimos, disminución de la tasa de desempleo, aumento de ingresos promedios por habitante, etc.; en nuestros países no se ha verificado un desarrollo sostenible?

7) Señalar la diferencia entre cada par de conceptos:
a) Sostenible → Sustentable
b) Reducción de Pobreza → Crecimiento Económico
c) Calidad del agua → Capacidad de asimilación
d) **I D H → O D M (tratar de investigar en INTERNET)**

8) Contestar las siguientes preguntas:
a) ¿Cuáles tres características del desarrollo registrado en su país, son los más significativas?
b) ¿Para qué ha servido el incremento del PBI en los países donde se ha verificado ese aumento?
c) ¿Qué relación hay entre esa y otras normas ambientales y el concepto de Desarrollo Sostenible bien entendido (sustentable)?

9) A fin de verificar su comprensión de algunos temas prioritarios en la jerga ambiental, favor de definir cada concepto brevemente. (Puede usar otras fuentes e Internet)

a) Efectos Nocivos Crónicos
b) Manejo inadecuado del crecimiento urbano
c) Política Ambiental
d) Producción Limpia

10) Señalar las diferencias entre cada par de conceptos:
a) Enfoque lineal y Nuevo Enfoque del desarrollo(Circular)
b) Emisión e Inmisión
c) Desarrollo Sostenible y Desarrollo Sustentable

11) En cada caso, dar dos o tres ejemplos de:
a) Instrumentos científicos de gestión e investigación ambiental
b) Expresiones principales del pasivo ambiental
c) Normas ambientales internacionales
d) Señales de dependencia ("incalificables") en nuestros países

QUINTA PARTE

12) Realizar una encuesta a un mínimo de 20 personas usando el formato presentado en éste tema; **"Evaluación del Nivel de Sostenibilidad del Desarrollo en… (Su región o país)"** y remitirnos la hoja de resultados, incluyendo su interpretación, en el formato ya indicado, tomado como ejemplo.

Enviarnos las dos evaluaciones incluidas en este libro para su calificación; y si obtiene ≥ 75%, recibirá un certificado de aprobación del curso "Gestión de la Educación Ambiental y el Desarrollo Sostenible". En caso de no obtener la referida calificación, tendrá una segunda oportunidad para lograrlo.

informacion@grupoghen.com / https://www.grupoghen.com

BIBLIOGRAFIA UTILIZADA

1) Contaminación Ambiental en la República Dominicana
Juan Nicolás Faña. Ediciones GHeN- 1997.

2) Curso de Creación de Modelos de Ordenador en Ecología y
Gestión Ambiental, Universidad de Cataluña, España, Prof.
Martín García. 1998.

3) La situación ambiental en América Latina- Estudios de casos-
Varios autores, recopilación del Centro Interdisciplinario de
Estudios para el Desarrollo Latinoamericano (CIEDLA)-
Fundación Konrad Adenauer- República Federal de Alemania.

4) Áreas Protegidas en República Dominicana- Primer
Seminario Nacional- Compiladores: Ing. Gabriel Valdez Sierra y
Agron. José Manuel Mateo Féliz.- Editora Taller-1993.

5) Ecoturismo y Desarrollo Sostenible en República Dominicana,
El Caribe y El Mundo- Colección Desarrollo Integral, Fundación
Ciencia y Arte- Dirigida por el Dr. José Serulle Ramia- 1999.

6) Estadística- Dra. Caridad W. Guerra Bustillo-
Editorial Pueblo y Educación- Ciudad de la Habana- 1987.

7) Ingeniería Económica- Anthony J. Tarquin y Leland T. Blank-
Editorial McGraw-Hill Latinoamericana, S. A., Bogotá-1982.

8) El Medio Ambiente en la Economía Social de Mercado-
CIEDLA- Holger Bonus y otros autores- Fundación Konrad
Adenauer- República Federal de Alemania-Reimpresión de
1992.

9) Agenda Nacional de Desarrollo, Volúmenes I y II- Grupo de
Acción por la Democracia y Pontificia Universidad Católica
Madre y Maestra- Santo Domingo, República Dominicana- 1996.

10) Aplicación de los Derechos Negociables de Emisión
(Soluciones en Desarrollo)- Pontificia Universidad Javeriana,
Instituto de Políticas de Desarrollo- Publicación financiada por la
Fundación Konrad Adenauer- 1997.

11) Los Parques Nacionales de la República Dominicana-Jurgen Hoppe- Colección Barceló 1- Santo Domingo, República Dominicana- 1989.

12) Ley General de Medio Ambiente y Recursos Naturales No. 64-00, Promulgada el 18 de Agosto del año 2000, Santo Domingo, República Dominicana, 2000.

13) Procedimiento de Evaluación de Impacto Ambiental, Secretaría de Estado de Medio Ambiente y Recursos Naturales, Santo Domingo, República Dominicana, Agosto 2002.

14) Máster en Educación Ambiental, Módulos del 1 al 12, Instituto de Investigaciones Ecológicas (INIEC), Miembro de la UICN, Málaga, España, 1995.